BEI GRIN MACHT SICH IHR WISSEN BEZAHLT

AF515104

- Wir veröffentlichen Ihre Hausarbeit, Bachelor- und Masterarbeit

- Ihr eigenes eBook und Buch - weltweit in allen wichtigen Shops

- Verdienen Sie an jedem Verkauf

Jetzt bei www.GRIN.com hochladen und kostenlos publizieren

GRIN

Julia Frey

Riffkartierung entlang der Ostseite eines Transekts in der Bucht von Beau Vallon, Mahé, Seychellen

GRIN Verlag

Bibliografische Information der Deutschen Nationalbibliothek:

Die Deutsche Bibliothek verzeichnet diese Publikation in der Deutschen Nationalbibliografie; detaillierte bibliografische Daten sind im Internet über http://dnb.d-nb.de/ abrufbar.

Dieses Werk sowie alle darin enthaltenen einzelnen Beiträge und Abbildungen sind urheberrechtlich geschützt. Jede Verwertung, die nicht ausdrücklich vom Urheberrechtsschutz zugelassen ist, bedarf der vorherigen Zustimmung des Verlages. Das gilt insbesondere für Vervielfältigungen, Bearbeitungen, Übersetzungen, Mikroverfilmungen, Auswertungen durch Datenbanken und für die Einspeicherung und Verarbeitung in elektronische Systeme. Alle Rechte, auch die des auszugsweisen Nachdrucks, der fotomechanischen Wiedergabe (einschließlich Mikrokopie) sowie der Auswertung durch Datenbanken oder ähnliche Einrichtungen, vorbehalten.

Impressum:

Copyright © 2012 GRIN Verlag GmbH
Druck und Bindung: Books on Demand GmbH, Norderstedt Germany
ISBN: 978-3-656-64626-6

Dieses Buch bei GRIN:

http://www.grin.com/de/e-book/272251/riffkartierung-entlang-der-ostseite-eines-transekts-in-der-bucht-von-beau

GRIN - Your knowledge has value

Der GRIN Verlag publiziert seit 1998 wissenschaftliche Arbeiten von Studenten, Hochschullehrern und anderen Akademikern als eBook und gedrucktes Buch. Die Verlagswebsite www.grin.com ist die ideale Plattform zur Veröffentlichung von Hausarbeiten, Abschlussarbeiten, wissenschaftlichen Aufsätzen, Dissertationen und Fachbüchern.

Besuchen Sie uns im Internet:

http://www.grin.com/

http://www.facebook.com/grincom

http://www.twitter.com/grin_com

Bachelorarbeit

Riffkartierung entlang der Ostseite eines Transekts in der Bucht von Beau Vallon, Mahé, Seychellen

Julia Frey

Abteilung Morphologie, Systematik, Evolutionsbiologie
Johann-Friedrich-Blumenbach-Institut für Zoologie und Anthropologie

Inhaltsverzeichnis

1. Einleitung

Was die Regenwälder für die Landfläche unseres Planeten bedeuten, das sind die Korallenriffe für die Meere: Biotope mit höchster biologischer Vielfalt. Hier konzentrieren sich, so die Schätzungen der Wissenschaft, Millionen von Arten. Dabei sind viele Riffe noch nicht genügend erforscht, um genaue Aussagen über die Artenvielfalt und –verteilung in dieser Unterwasserwelt zu treffen (Jennings et al., 2000).

Die Korallenriffe der Seychellen gehören zu den am wenigsten untersuchten Riffen im westlichen Indischen Ozean, obwohl sie zu den umfangreichsten der Welt zählen (Stoddart, 1984). Langjährige Beobachtungen bezüglich der Veränderungen in der Artenzusammensetzung und -häufigkeit unter den verschiedenen lokalen und regionalen Faktoren sind bisher nur in geringfügigem Maße durchgeführt worden. Deswegen sind viele marine Organismengruppen, insbesondere die Korallen, auf den Seychellen noch nicht erfasst (Jennings et al., 2000). Dabei könnten detaillierte Untersuchungen verlässliche Auskünfte über die Struktur der dortigen Lebensräume geben.

In diesem Zusammenhang wurde in der Bucht von Beau Vallon auf Mahé, der Hauptinsel der Seychellen, im Zeitraum vom 07. April bis 18.Mai 2012 eine Riffkartierung vorgenommen. Macken, Urbanke und Butzelar haben im Jahr zuvor bereits fotografische Dokumentationen der Korallenbestände in diesem Riff durchgeführt (Macken, 2011; Urbanke, 2011; Butzelar, 2011). So wurden die Grundlagen für ein Forschungsprogramm erstellt, bei dem die Zusammensetzung der Korallengemeinschaften in einem bestimmten Abschnitt langfristig untersucht und Veränderungen zeitlich miteinander vergleichbar gemacht werden können. Die von Macken eingeführte und von Butzelar und Urbanke fortgeführte Methode wurde in gleicher Weise im Rahmen dieser Arbeit verwendet und folgendermaßen umgesetzt:

In einem vorher mit Hilfe von Fixpunkten genau abgegrenzten Gebiet wurde eine Leine in Nord-Süd Richtung ausgelegt. So wurden eine Ost- und eine Westseite markiert, in denen jeweils auf eine Länge von 80m die Korallen quadratmeterweise fotografisch erfasst wurden. Anschließend wurden die aufgenommenen Arten bestimmt, um einen Überblick über die Korallenspezies zu erhalten. Die nachfolgenden Ausführungen beschäftigen sich vor allem mit der Dokumentierung der auf der Ostseite aufgenommenen Daten.

Diese Arbeit geht zunächst auf das Lebewesen „Koralle“ genauer ein. Um ihre Funktion, besonders als Riffbildner, hervorzuheben, werden folgend Korallenriffe und deren Bedeutung erläutert. Es wird dargelegt, inwiefern sich verschiedene Einflüsse auf dieses empfindliche Ökosystem auswirken können. In diesem Zusammenhang wird das „Coral Bleaching Event“ von 1998 genannt, bei welchem ein Großteil der Korallen abstarb. Darüber hinaus stören auch anthropogene Einflüsse, wie zum Beispiel die Überfischung, das empfindliche Gleichgewicht in den Riffen.

Im Untersuchungsgebiet der Beau Vallon Bay herrscht eine relativ hohe marine Biodiversität, Flora und Fauna sind durch die vorangegangenen Untersuchungen ziemlich gut bekannt. Außerdem ist der anthropogene Einfluss auf die Riffe überschau- und kalkulierbar. Das ist ein wichtiger Grund für die Wahl dieses Gebietes und die Analyse der ökologischen Bedingungen, welche in Kapitel 4 erläutert werden. Anschließend wird auf die Vorgehensweise bei den Untersuchungen, insbesondere die Methoden, die Auswertung der Daten sowie die Probleme bei der Datenaufnahme, eingegangen. Die Ergebnisse, die im Anschluss daran vorgestellt werden, beinhalten die Liste der nachgewiesenen Korallenarten und –gattungen sowie deren Verteilung und die Beschreibung der im Untersuchungsgebiet neu nachgewiesenen Arten.

Die gesammelten Ergebnisse von der Ostseite des Transektes werden in der darauffolgenden Diskussion, mit denen auf der Westseite von Christiane Bock (Bock, 2012) zusammengetragenen Daten verglichen, um eventuelle Unterschiede oder Gemeinsamkeiten aufzudecken. Auch die von Macken, Urbanke und Butzelar gelieferten Informationen, werden den im Rahmen dieser Arbeit gesammelten Daten gegenübergestellt, um die Korallenverteilung in diesem Gebiet miteinander vergleichen zu können. Nicht zuletzt soll diese Arbeit natürlich auch als weitere Grundlage für zukünftige Untersuchungen in diesem Terrain und besonders für einen Vergleich mit diesem Transekt in späteren Jahren dienen.

2. Korallen

2.1 Systematik

Korallen (Anthozoa) sind sessile, koloniebildende Nesseltiere (Cnidaria), denen – im Gegensatz zu ihrem Schwestertaxon, den Medusozoa - das Medusenstadium fehlt, was bedeutet, dass die Tiere nur als Polypen vorkommen (Westheide/Rieger, 2006). Die Anthozoa lassen sich in zwei Teiltaxa einteilen: die Octocorallia, zu denen die Hornkorallen (Gorgonaria), Röhrenkorallen (Stolonifera), Weichkorallen (Alcyonaria), sowie die Blauen Korallen (Helioporacea) und die Seefedern (Pennatulaceae) gehören, und die Hexacorallia, welche die Steinkorallen (Scleractinia) und die Anemonen beherbergen (Erhardt und Knop, 2005). Während die Polypen der Octocorallia mit acht Tentakeln ausgestattet sind, besitzen die der Hexacorallia sechs, zwölf oder ein Vielfaches davon und sind in der Regel auch größer (Westheide/Rieger, 2006).

2.2 Anatomie und Lebensweise

Korallen bestehen aus einem oder mehreren miteinander verbundenen Polypen. Der Polyp ist ein zylindrischer Körper und besitzt eine Öffnung, durch welche er seine Nahrung sowohl aufnimmt als auch die Nahrungsreste ausscheidet. Diese so genannte Mundafteröffnung ist von einem Tentakelkranz umgeben, an dem sich giftige Nesselzellen befinden, die bei Berührung kleine Giftpfeile abschießen und so die Beute bewegungsunfähig machen (Abb. 1). Die Polypen strecken meist nachts ihre Fangarme aus, um Kleinkrebse, Würmer und andere Planktonorganismen mit ihren Kleb- und Nesselfäden festzuhalten, in ihren Mund zu ziehen und sie anschließend im Magen zu verdauen (Westheide/Rieger, 2006). Außerdem sind die Polypen in der Lage, im Wasser gelöste Nährstoffe über ihre Oberfläche aufzunehmen. Da tropische Meere jedoch generell nährstoffarm sind, benötigen die Korallen so genannte Zooxanthellen. Diese Algen leben wie eigene Zellstrukturen in der Wirtszelle und verarbeiten als „interne Leber und Niere" deren Stoffwechselabfälle (Ammonium, Kohlendioxid) (Schuhmacher, 1991). Außerdem versorgen sie die tierische Zelle mit energiereichen Zucker - und Lipidverbindungen, die sie aus der Photosynthese gewinnen. Der tierische Wirt hingegen reguliert Wachstum und Vermehrung der Algen mit einer entsprechenden Abgabe von energiereichen Verbindungen, so genannten Assimilaten (Westheide/Rieger, 2006). Um eine hohe Photosyntheseleistung zu erzielen, sorgt die Koralle für ein optimales Lichtangebot, was z.B. in der Koloniegestalt zum Ausdruck kommt, aber auch in der Form des einzelnen Korallenkelchs, welcher auf die Reflexion des einfallenden Lichts optimiert ist, so dass dies zur Algenschicht im Polypen gelangen kann (Schuhmacher, 1991).

Korallen können sowohl getrennt geschlechtlich als auch zwittrig sein und sich sowohl sexuell als auch asexuell fortpflanzen. Bei der sexuellen Fortpflanzung geben die männlichen und weiblichen Polypen ihre Geschlechtsprodukte ins Wasser ab. Sind die Eier befruchtet, entstehen aus ihnen später die freischwimmenden Planula-Larven. Nach einer gewissen Zeit heftet sich diese an geeignetes Substrat und entwickelt sich zu einem Polypen, welcher die Basis für eine Korallenkolonie sein kann. Der fertige Polyp sondert dann Kalk ab, welcher auf dem Substrat haftet und einen schützenden „Panzer" um ihn bildet, das Außenskelett. Bei der asexuellen Fortpflanzung wächst der Koralle ein knospenartiger Anhang, woraus ein neuer Polyp entsteht. Dieser wird von einem Kalkmantel umgeben und die vegetative Vermehrung kann erneut beginnen (Westheide/Rieger, 2006).

Das Skelett eines einzelnen Polypen ist ein sehr wichtiges Merkmal bei der Artbestimmung von Steinkorallen (Veron, 2000). Diese besitzen zum Beispiel ein Kalkskelett, welches durch Septen und zum Teil durch Querböden weiter differenziert ist. Der Weichkörper sitzt innerhalb des Kalkkelchs, ist aber teilweise über den Rand nach außen gestülpt (Leinfelder, 2003). Von der Außenwand der Kalkröhre, der so genannten Theca, gehen vertikale Kalkplatten ab, die Septocostae. Die Septen liegen innerhalb der Wände, während die Costae außerhalb dieser liegen (Abb. 2). Oft sind die Septen unterschiedlich lang und erstrecken sich von der Theca aus radiär in die Mitte des Korallits (Kalkkelch). Im Zentrum des Korallits befindet sich bei einigen Arten eine Kalksäule (Columella) und zwischen den

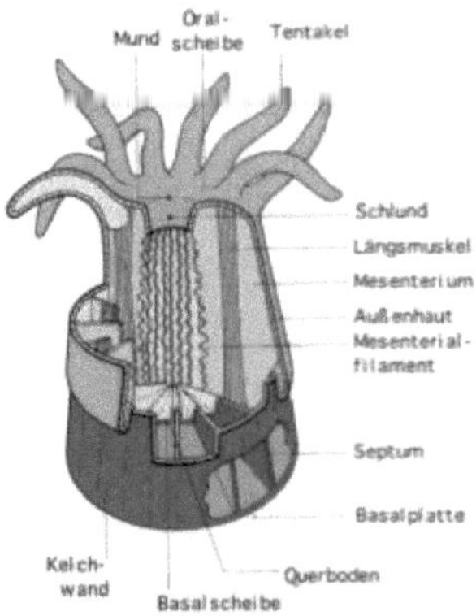

Abb. 1: Schematischer Aufbau einer Steinkoralle (solitäre Form) (nach Leinfelder, 2003).

Septocostae ordnen sich gitterartig horizontale Stäbchen (Synapticulae) an. Die Koralliten der einzelnen Polypen sind über horizontale Platten und andere Kalkstrukturen miteinander verbunden. Das Sterom, eine stabile undurchlässige Schicht, befindet sich innerhalb der Polypenwand. Einige Polypen haben darüber hinaus noch einen dünnen Kalkfilm auf der Außenseite der Wand, die Epitheka (Veron, 2000).

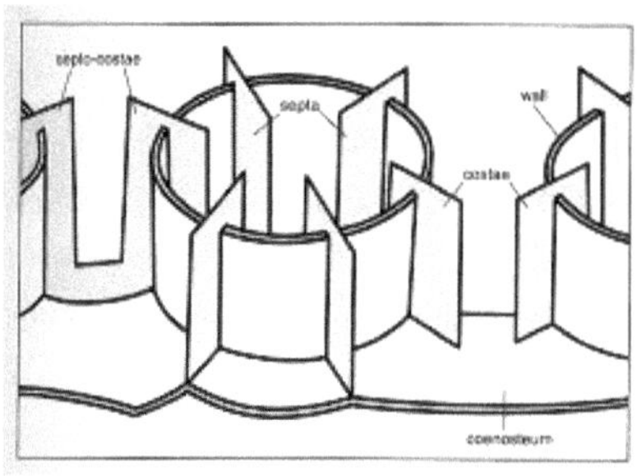

Abb. 2: Schematische Darstellung der wichtigsten Skelett-Elemente (Veron, 2000).

Bei den Koralliten einer Kolonie gibt es unterschiedliche Ausbildungsformen. Haben die Polypen eigene Wände, werden sie als plocoid oder – wenn sie zusätzlich auch noch gleich lang sind – als phaceloid bezeichnet (Abb. 3) (Veron, 2000).

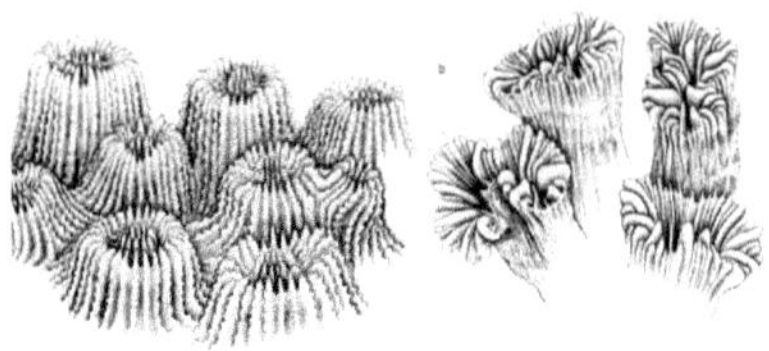

Abb. 3: Verschiedene Ausbildungsformen der Koralliten: plocoide Kolonien haben ihre eigenen Wände (links); phaceloide Kolonien haben ebenfalls ihre eigenen Wände, aber diese sind länger und röhrenförmig (rechts) (Veron, 2000).

Teilen sich benachbarte Polypen ihre Wände, bezeichnet man sie als mäandroid oder cerioid. Ist eine Kolonie mäandroid, also weist sie Täler auf, hat aber ihre eigenen Wände, nennt man sie flabello – mäandroid (Abb. 4). Innerhalb dieser Kategorien gibt es allerdings auch sehr viele Zwischenformen. Einige Gattungen wie z.B. *Favites* oder *Goniastrea* bilden Kolonien aus, die sowohl plocoide als auch cerioide Teile besitzen (Veron, 2000).

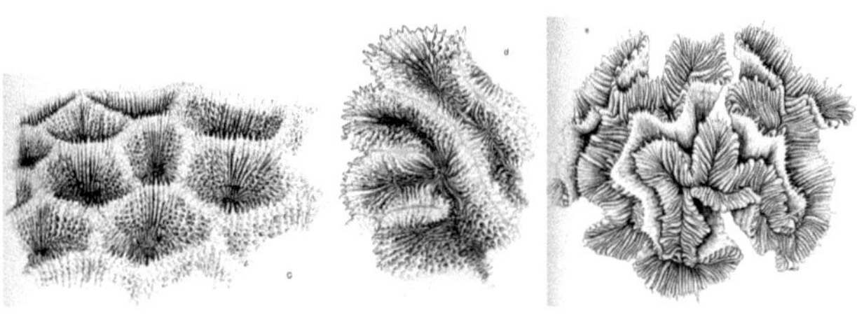

Abb. 4: Verschiedene Ausbildungsformen der Koralliten: Cerioide Kolonien teilen sich ihre Wände (links); mäandroide Kolonien bilden Täler aus und haben gemeinsame Wände (Mitte). Flabello-mäandroide Kolonien bilden ebenfalls Täler aus, haben aber ihre eigenen Wände (rechts) (Veron, 2000).

Neben den verschiedenen Ausbildungsformen gibt es auch noch etliche Wachstumsformen (Abb. 5). Die häufigsten sollen hier genannt, jedoch nur wenige näher erläutert werden, da die meisten Bezeichnungen selbsterklärend sind. Hierzu zählen baumartige, säulenartige, verzweigte, blattartige und tellerartige Wachstumsformen. Die massive Wachstumsform bezeichnet Kolonien, die ungefähr halbkugelförmig wachsen und eine besondere Stabilität und Festigkeit aufweisen. Die krustierende Wachstumsform soll in diesem Zusammenhang nicht ungenannt bleiben. Sie beschreibt Kolonien, die dicht über dem Untergrund wachsen und am Substrat angeheftet sind (Veron, 2000).

Abb. 5: Die wichtigsten Wuchsformen der Scleractinia (Veron, 2000)

3. Korallenriffe

3.1 Biologie und Entstehung

Als Korallenriffe werden die von Korallen aufgebauten Kalkmassen bezeichnet. Die Korallen gehören meistens zur Gruppe der Steinkorallen, welche besonders schnell sowie koloniebildend wachsen und eine hohe Kalkbildungsrate besitzen. Um diese hohe Kalkbildungsrate zu erhalten, benötigen sie jedoch - wie bereits erwähnt - symbiotische Partner: die Zooxanthellen. Mit ihrer Hilfe können die Steinkorallen zehn Mal mehr Kalk produzieren als ohne sie. Während ihres Lebens nehmen die zooxanthellaten Korallen gelöstes Calcium und Hydrogencarbonat aus dem sie umgebenden Wasser auf und fällen diese Ionen zu Calciumcarbonatkristallen, welche das Skelett bilden und am Korallenfuß abgesondert werden. Da Steinkorallen in großen Kolonien leben, entsteht mit der Zeit aus den Kalkablagerungen der Skelette ein gewaltiges Kalkgebilde. Der größte Teil dieses Gebildes besteht aus den Skeletten bisweilen abgestorbener Korallen (Schuhmacher, 1991; Veron, 2000).

Die Entwicklung und Form der Riffe hängt von den jeweils herrschenden Winden, der Meeresströmung und den damit verbundenen Wellenbewegungen ab (Taylor, 1968).

Auch auf Mahé ist die Abhängigkeit der Riffentwicklung von den herrschenden Winden sichtbar. Während die Ostseite kontinuierlich von Riffen gesäumt wird, befinden sich auf der Westseite der Insel Steilküsten und Buchten, in denen sich lediglich kleinere flickenartige Saumriffe erstrecken (Taylor, 1968).

3.2 Rifftypen

Das Gebiet der Seychellen beherbergt drei verschiedene Arten von Riffen: das Atoll, das Plattform- und das Saumriff. Diese drei Typen sind zum Teil nicht immer eindeutig voneinander abzugrenzen. Vielmehr kann man sie als Übergangsformen einer stetigen Entwicklung betrachten, welches sich aus dem Zusammenspiel von Riffaufbau, Änderung des Wasserspiegels und der Erosion der zentralen Landmasse ergibt (Stoddart, 1984; Jennings et al., 2000)

a) Plattformriff

Plattformriffe können sich sowohl auf dem Kontinentalschelf als auch im offenen Ozean bilden, überall da, wo der Meeresboden soweit in Richtung Wasserspiegel hinaufragt, dass das Wachstum zooxanthellater, riffbildender Korallen möglich ist. Es entsteht an einer flachen Stelle im Meer und türmt sich dann plattenartig auf (Stoddart 1984, Jennings et al 2000). Plattformriffe wachsen, im Unterschied zu Saum - und Barriereriffen, die sich nur seewärts ausdehnen, nach allen Seiten (Abb. 6). Sie können recht unterschiedliche Größen erreichen, von wenigen hundert Metern bis zu vielen Kilometern. Meist ist ihre Form oval bis stark langgezogen. Teile der Riffe können bis zur Oberfläche reichen, und dort Sandbänke und kleine Inseln bilden, um die sich eigene Saumriffe formen können. Sind die Plattformriffe schon einige Jahre alt, kann das Innere des Riffs bereits einer starken Erosion unterlegen sein, so dass sich eine Lagune gebildet hat. Ist dies der Fall, bezeichnet man diese Art von Riff als Pseudoatoll. Es ist ohne nähere Untersuchungen sogar unmöglich, dieses Riff von echten Atollen zu unterscheiden (Schuhmacher, 1991). Plattformriffe gibt es z.B. in der Amiranten und Farquhargruppe, welche zu den „Outer Islands“ der Seychellen gehören (Stoddart, 1984; Jennings, 2000).

Abb. 6: Querschnitt eines Plattformriffs (eigenes Bild).

b) Atoll

Ein Atoll ist ein ringförmiges Korallenriff, welches eine Lagune umschließt. Glaubt man Darwin, so entstehen Atolle aus Saumriffen, die sich um Vulkaninseln angesiedelt haben. Versinkt die Vulkaninsel im Meer, wächst das Riff außen trotzdem weiter in die Höhe, aber im Inneren entsteht eine Lagune (Abb. 7) (Schuhmacher, 1991).

Auf den Seychellen kommen die Atolle in der Aldabra-Gruppe und um einige Inseln der Amiranten und Farquhargruppe vor (Stoddart 1984, Jennings et al., 2000).

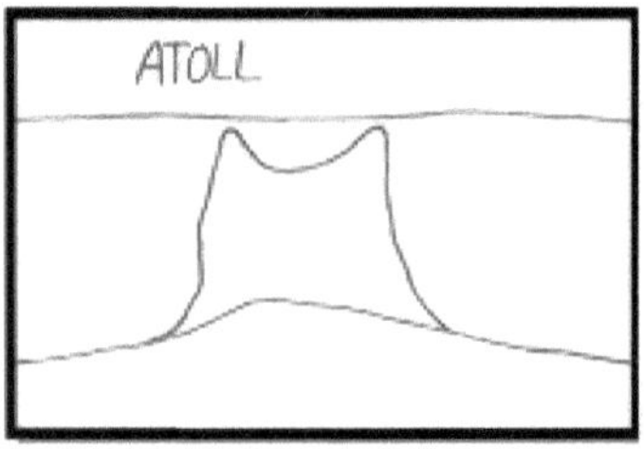

Abb. 7: Querschnitt eines Atolls (eigenes Bild).

c) Saumriff

Ein Saumriff erstreckt sich entlang der Küste des Festlandes oder einer Insel und kann mehrere Kilometer lang sein. Seine Breite beträgt meist unter hundert Meter, kann jedoch auch auf mehrere hundert Meter ansteigen. Saumriffe entstehen zunächst unmittelbar an der Küste auf Höhe der Niedrigwassergrenze und dehnen sich mit ihrem Wachstum immer mehr seewärts aus. Dort wo der Meeresboden steil abfällt, hören sie meistens auf zu wachsen und haben somit ihre endgültige Breite erreicht. Die Oberfläche des Saumriffs bleibt dabei immer auf gleicher Höhe dicht unterhalb der Wasserlinie (Abb. 8). Bei älteren Saumriffen, deren äußere Bereiche sich weit ins Meer hinausgeschoben haben, wird der innere Teil durch Erosion vertieft und bildet schließlich eine Lagune. Saumrifflagunen können über hunderte Meter breit und einige Meter tief werden und erstrecken sich – wie das Saumriff – parallel zur Küste (Stoddart, 1984; Jennings et al., 2000).

Das Saumriff ist die typische Riffform der granitischen Inseln der Seychellen. Um Mahé und Praslin erreichen Saumriffe mitunter eine Größe von über zwanzig Quadratkilometern (Stoddart, 1984). Auch das Riff, an dem die in dieser Arbeit behandelten Untersuchungen vorgenommen wurden, gehört in die Kategorie des Saumriffs.

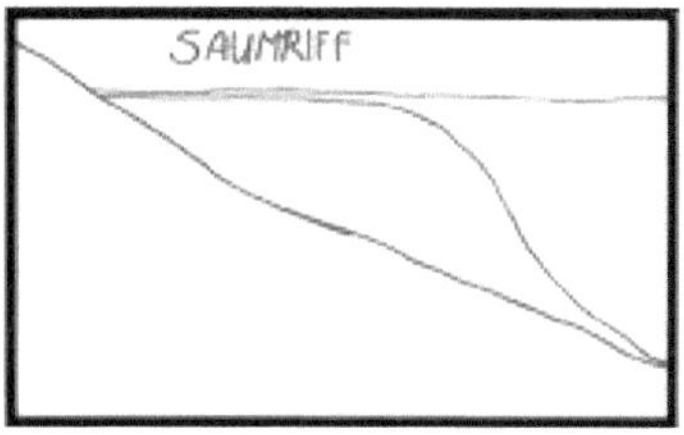

Abb. 8: Querschnitt eines Saumriffs (eigenes Bild).

4. Untersuchungsgebiet

4.1 Geografie

Die Republik Seychellen ist ein Inselstaat, der nahe dem Äquator im westlichen Teil des Indischen Ozeans liegt. Die Seychellen bestehen aus insgesamt 116 Inseln, die sich in „Inner Islands“ im Norden und die weiter südlich gelegenen „Outer Islands“ einteilen lassen (Abb. 9). Die erste Gruppe besteht aus 42 Inseln granitischen Ursprungs, deren Fläche insgesamt 277 km^2 beträgt und auf denen 97% der seychelloischen Gesamtbevölkerung lebt (Jennings et al., 2000). Die „Outer Islands“ dagegen werden von 74 korallinen Inseln gebildet, auf denen aufgrund der geringen Höhe und mangelndem Trinkwasser nur sehr wenige Menschen leben.

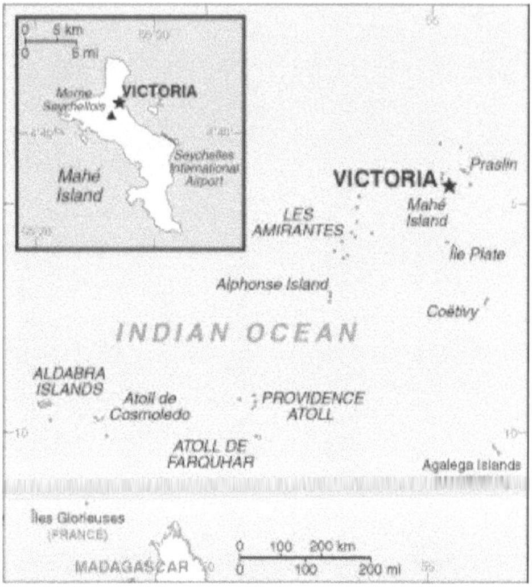

Abb. 9: Übersicht der Inselgruppe (Internetquelle1).

Die größte Insel der „Inner Islands“ ist Mahé. Auf dieser 28 km langen und bis 8 km breiten Insel leben ca. 90.000 Einwohner. Im Nordwesten Mahé’s, in der vor starkem Seegang geschütztem Bucht von Beau Vallon, befindet sich das in dieser Arbeit behandelte Untersuchungsgebiet T6xr.

4.2 Ökologische Bedingungen

4.2.1 Abiotische Faktoren

4.2.1.1. Klima

Das Klima auf den Seychellen wird, aufgrund ihrer äquatornahen Lage, vom Monsun bestimmt und ist von großer Bedeutung für die Riffentwicklung. Zwischen Dezember und März sorgt der Nordwest-Monsun für Hitze und starke tropische Gewitter. In dieser Zeit fällt auch der meiste Niederschlag (Abb. 10). Von Mai bis Oktober dominiert der Passat aus dem

Südosten mit kontinuierlich starken Winden und rauer See. In den Monaten dazwischen, den Transitmonaten, besteht nur eine geringe Luftbewegung, da die Sonne in dieser Zeit senkrecht über dem Äquator steht und die Nord- und Südhalbkugel der Erde ähnlich stark aufgeheizt werden. So ist das Meer in diesen Monaten ruhig und klar, der Himmel wolkenlos.

Die Lufttemperaturen auf den Seychellen können zwischen 16 und 36°C schwanken, liegen im Jahresdurchschnitt jedoch bei ca. 26°C. Der Jahresgesamtniederschlagswert beträgt ca. 2350 mm, wobei dieser Wert zwischen Küste und Landesinnerem etwas variieren kann (Jennings et al., 2000).

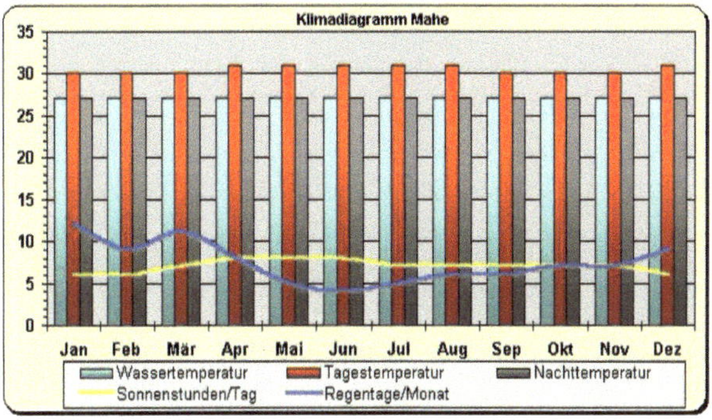

Abb. 10: Klimadiagramm Mahé, Seychellen (Internetquelle 2).

4.2.1.2 Wasser

Die Temperatur des Wassers, welches die Inseln umgibt, ist mit einem Wert zwischen 26 und 31°C recht hoch, da es relativ flach ist und die Seychellen sich im Einflussbereich des warmen Südäquatorialstroms befinden, welcher wiederum dem Windsystem der Erde unterliegt (Schuhmacher, 1991). Im offenen Indischen Ozean ist der Temperaturunterschied von Wasser und Luft verschwindend gering, wobei die Wassertemperatur meist höher liegt, als die Temperatur der Luft. An bestimmten Stellen im Wasser kann die Temperatur auf über 40°C steigen, so dass sie das Maximum des Temperaturtoleranzbereiches der Meeresbewohner überschreitet. Dieser liegt bei 30 – 35°C und kann, besonders in den Küstenregionen, in denen das Wasser flach ist, übertroffen werden. Die Wassertemperatur ist somit ein wichtiger Faktor für das Wachstum von Korallenriffen und sollte im Durchschnitt nicht weniger als 20°C betragen (Sheppard, 2000).

Der Salzgehalt des Wassers ist ein weiterer wichtiger Parameter, der sich gravierend auf den Zustand und die Zusammensetzung eines Riffes auswirken kann. So variiert die Salinität im offenen Meer nicht besonders stark, während sie in Küstengebieten, wie zum Beispiel der Beau Vallon Bay, in der aufgrund ihrer geschützten Lage weniger Wasseraustausch, als im offenen Meer stattfindet, stark absinken kann. Dies geschieht besonders dann, wenn durch starken Regenfall sehr viel Süßwasser ins Meer gelangt. An jenen Stellen, an denen die Flüsse ins offene Meer fließen, lassen sich Rinnen im Riffgestein erkennen, in denen sich keine oder nur wenige lebenden Korallen befinden (Taylor, 1968; Jennings et al., 2000).

Neben Salinität, Wassertemperatur und Klima ist der Wasserstand für eine gesunde Riffentwicklung von Bedeutung. Das periodische Steigen und Fallen des Meeresspiegels hat auf biologische Erscheinungen im Meer mehrfachen direkten und indirekten Einfluss (Friedrich, 1965). Der Tidenhub beträgt um die Granitinseln der Seychellen etwa ein bis zwei Meter, während innerhalb der Aldabra-Gruppe ein Wert von zwei bis drei Metern zu verzeichnen ist (Jennings et al., 2000). Durch die mit den Gezeitenströmen und ihrer wechselnden Richtung verbundenen Turbulenzen ist die Sedimentation feinkörnigen Materials und die damit verbundene Trübung erschwert (Friedrich, 1965). Außerdem sorgt der Tidenhub für kurzfristige Veränderungen in Temperatur, Sonneneinstrahlung, Salzgehalt und hemmt eine thermische Schichtung des Wassers (Friedrich, 1965). Nichtsdestotrotz kann gerade bei Ebbe in den oberen Zonen die Wassertemperatur stark ansteigen, was wiederum – wie schon erwähnt - großen Einfluss auf die Verteilung von Organismen haben kann.

Der Wellengang wird auf den Seychellen vom Südost-Monsun bestimmt und ist ein weiterer wichtiger Bestandteil in der Entwicklung organismischer Vielfalt innerhalb eines Riffs. Durch die Bewegungen der Wasseroberfläche wird die Aufnahme von Sauerstoff ins Wasser erleichtert und die Reflektion des auffallenden Lichtes verändert, so dass Schwankungen im Grad der submarinen Beleuchtung eintreten können (Friedrich, 1965). Bezüglich der Schwere des Wellengangs in einem Gebiet, gibt es mehrere Bezeichnungen: sehr offen, offen, geschützt, und sehr geschützt. Je nach Grad des Wellengangs können einzelne Arten oder Gattungen ein Korallenriff dominieren. Das Korallenriff der Beau Vallon Bay ist in dieser Hinsicht die meiste Zeit des Jahres über als „geschützt" zu bezeichnen (Taylor, 1968; Jennings et al., 2000). Hier herrscht also ein für viele Arten angenehmes Gleichgewicht zwischen ausreichender und zu starker Wasserbewegung (Taylor 1968, Jennings et. al. 2000). Die Bewegung des Wassers sorgt dafür, dass an festsitzende Tiere stets neue Nahrung heranströmt und hält außerdem Partikel länger in Suspension (Friedrich, 1965).

4.2.1.3 Licht

Eine der wichtigsten ökologischen Faktoren im Meer ist das Licht (Friedrich, 1965). Von der eingestrahlten Lichtenergie hängt die Assimilation der Pflanzen, also die Bildung neu geformter organischer Substanz und damit die Produktion der primären Nahrung für die Tiere ab. Außerdem leben die meisten Steinkorallen in Symbiose mit Zoooxanthellen, welche auf Licht angewiesen sind, um Photosynthese betreiben zu können. Auf den Seychellen scheint die Sonne ca. neun Stunden am Tag, deren Licht in den flachen Gewässern fast überall bis zum Grund und sogar – klares Wasser vorausgesetzt – bis in 50 m Tiefe durchdringen kann, in der die Photosynthese dann immer noch möglich ist. Dies sind optimale Voraussetzungen für ein Korallenwachstum. Da die Bedingungen jedoch nicht immer so günstig sind, kommen Riffe aufgrund ihrer Lichtabhängigkeit nur in Landnähe bzw. im Flachseegürtel, der die jeweilige Insel umgibt, vor (Schuhmacher, 1991; Jennings et al., 2000).

4.2.1.4 Globale Klimaerwärmung und Korallenbleiche

Die globale Klimaerwärmung wirkt sich negativ auf Korallenriffe aus. Zum einen verursacht die damit verbundene steigende Kohlendioxid-Konzentration im Meer eine Abnahme des Kalkgehalts im Wasser, wodurch wiederum der Aufbau der Korallen geschwächt wird, zum anderen sorgt der Meeresspiegelanstieg dafür, dass die Korallen, welche von ihren Zooxanthellen abhängig sind, verhungern. Durch den Wasseranstieg gelangt nämlich nicht genügend Sonnenlicht zu den Algen, um Photosynthese betreiben zu können. Wenn der Wasserspiegel zu schnell ansteigt, können die Korallen nicht mehr nach oben nachwachsen und das Riff stirbt (Leinfelder, 2003).

Das bisher größte Korallensterben ereignete sich durch das so genannte „Coral Bleaching Event" 1998, welche auf den El Niño zurückzuführen ist. Der El Niño ist eine Klimaanomalie, die im Pazifik auftritt und für eine plötzliche Umkehrung der Wetterlage sorgt. Die Passatwinde transportierten keine kalten Wassermassen mehr von der Küste Südamerikas und die Meeresoberflächentemperatur stieg. Liegt die Wassertemperatur mindestens vier Wochen lang 1 - 2°C über dem mittleren Sommerwert, kommt es zur Korallenbleiche. Verantwortlich für das Erbleichen der Korallen ist eine Störung in der Korallen-Zooxanthellen–Symbiose. Die Zooxanthellen werden abgestoßen, wodurch die farblosen Korallen aufgrund des durscheinenden Kalks weiß aussehen. Dies geschieht, weil der Korallenwirt versucht, seine „alten“, weniger gut an warme Temperaturen angepassten Algen abzustoßen, um neue, temperaturresistentere Symbionten aufzunehmen (Schuhmacher, 2005). Allerdings geht der Zooxanthellenaustausch mit einer hohen Mortalitätsrate einher. In Zukunft wird diese Anpassung hoffentlich zu einer Resistenz der Riffe gegenüber Ereignissen dieser Art führen (Baker et al., 2004). Ob das schnell genug passiert, um mit der momentanen Erwärmung Schritt halten zu können, ist eine andere Frage (Goreau et al., 2000). Sicher ist, dass sich das Absterben der Korallen negativ auf die verschiedenen Rifforganismen auswirkt und zu einer Abnahme der Diversität führt.

4.2.2 Biotische Faktoren

Bioerosion und Sturmschäden können dem Korallenwachstum entgegenwirkende Kräfte darstellen und einem Austrag des Kalkmaterials aus dem Riff verursachen. Ersteres wird durch Bohrschwämme und Bohrmuscheln vorangetrieben, die vorwiegend in toten, aber auch in lebenden Korallenkolonien „wüten“. Sie beginnen ihre Tätigkeit meist im alten basalen Teil der Kolonie, so dass bei einem Sturm der Korallenstock umkippen kann. Liegend wird er dann, sowohl mechanisch als auch biogen weiter zerkleinert und das übrig gebliebene Sediment aus dem Riff gespült. Deshalb sind langlebige und besonders massive Korallenarten von großem Wert für das Fortbestehen eines Riffes, da sie sich nicht so leicht abtragen lassen. Die bohrenden Organismen leben von Bakterien, die sie aus dem Wasserstrom filtrieren. Küstengewässer, die zum Beispiel durch Abwasser, verschmutzt sind, beinhalten besonders viele Bakterien, so dass sich die Bohrer dementsprechend gut entwickeln können. Neben der internen Bioerosion durch Bohrer, findet auch äußere Bioerosion durch Seeigel und Papageifische statt. Obwohl sie es als Pflanzenfresser auf den Algenbewuchs abgesehen haben, schaben und beißen sie auch das Korallenskelett mit weg (Schuhmacher, 1991).

Ebenso können Fressfeinde das Korallenwachstum über größere Flächen zum Stillstand bringen. Ein typisches Beispiel ist hier der Dornenkronenseestern (*Acanthaster planci*). Die Seesternlarven können sich auf toten Kalkflächen zu Korallenfressern umwandeln und die nächstliegenden Kolonien attackieren, indem sie ihren Magen über die Steinkoralle stülpen und diese extraintestinal verdauen (Schuhmacher, 1991).

Außerdem sind Raumkonkurrenten wie Algen, Schwämme und Weichkorallen in der Lage, die Steinkorallen zu überwachsen, so dass diese absterben. Des Weiteren verhindern sie eine Neuansiedlung weiterer Korallenlarven (Schuhmacher et al., 2005).

4.2.3 Anthropogene Einflüsse

Anthropogen bedingte Umweltveränderungen sind meist so gravierend, dass das beschädigte Ökosystem kaum fähig ist in den Normalzustand zurückzukehren. Der größte Teil der Fauna stirbt, da sie nicht an die neuen Bedingungen angepasst ist (Schuhmacher et al., 2005; Goreau et al., 2000). Sogar minimale Änderungen können erhebliche Folgen mit sich bringen, insbesondere wenn es um Arten geht, die in dem jeweiligen Ökosystem eine Schlüsselrolle spielen, wie das bei vielen Rifforganismen der Fall ist (Bellwood et al. 2004; Baker, 2004; Schuhmacher et al 2005).

Das Zunehmen der Bevölkerung und der Tourismusindustrie auf den Seychellen führt zu einer Übernutzung der Küstenressourcen. Durch die Zufuhr von Nährstoffen mit dem ins Meer geleiteten häuslichen Abwasser kommt es zu einer Anreicherung mit Nährsalzen, welche die Eutrophierung des Gewässers begünstigt. Die Lebewesen des Riffs sind an nährstoffarmes Wasser gewöhnt, aber durch die Anreicherung mit Nährsalzen kann es zu einer Massenentwicklung freilebender Algen kommen, die den Korallen als Raumkonkurrenten in ihrer natürlichen Entwicklung im Wege stehen (Litter et. al, 1991; Brown, 1997). Da sich in der geschützten Bucht von Beau Vallon die Wasserdurchmischung sehr in Grenzen hält, ist eine relativ geringe Salinität zu verzeichnen. Sie wird durch die Anreicherung des Wassers mit Nährstoffen und verunreinigte Substanzen aus mehreren Zuflüssen zusätzlich verringert. Des Weiteren gelangen durch das Abwasser auch viele Bakterien ins Meer, was das Wachstum von Bakterienfängern, wie zum Beispiel Bohrschwämmen erhöht, die – wie schon erwähnt - die Riffstruktur angreifen können (Litter et al., 1991; Jennings et al., 2000).

Um für die wachsende Bevölkerung genügend Wohnraum zu schaffen, wird im Hinterland der Insel Mahé die Vegetation zerstört, welche die Böden der steilen Hänge vor dem Abrutschen bewahren. Die für die Tropen typischen starken Regengüsse sorgen dann dafür, dass die Schlammschichten auf die Riffe gespült werden, was zum Absterben der Korallen führt (Brown, 1997; Jennings et al., 2000).

Außerdem werden die Riffe durch den Fischfang stark ausgebeutet. In einigen Gebieten ist aus diesem Grund eine Veränderung in der Zusammensetzung der Fischgemeinschaften zu beobachten (Jennings et al., 2005). Des Weiteren achten viele Bootsbesitzer nicht auf die Korallen, wenn sie ihre Anker auswerfen. Vielmehr verhaken sie diese, um besseren Halt zu bekommen, in großen massiven Korallenblöcken (eigene Beobachtungen). Die Erosion des Materials aus dem Riff, wird auch durch Touristen oder Einwohner vorangetrieben, die bei Ebbe über das Riffdach laufen oder auf demselbigen mit einem motorisierten Gefährt Wassersport betreiben. Dadurch wird oft mehr Kalk abgetragen, als jährlich wieder aufgebaut werden kann, so dass die Degradation des Riffs zunimmt. Auch einige Taucher sind nicht vorsichtig und brechen absichtlich oder unabsichtlich Korallen ab (eigene Beobachtungen). Nicht zuletzt stellt der Souvenirhandel durch das Sammeln von Korallen, Muscheln und Schnecken eine Gefahr für die marine Biodiversität im Riff dar (Jennings et al., 2000; Schuhmacher et al., 2005).

5. Untersuchungen

5.1 Material und Methoden

Eine Methode, um langfristige Untersuchungen an Korallenriffen durchzuführen, ist das so genannte „Coral Reef Monitoring“ (CRM). Es handelt sich hierbei um ein Beobachtungssystem, in dessen Rahmen Informationen über das Ökosystem „Korallenriff“ gesammelt werden. Die Datensammlung wird in einem regelmäßigen Abstand wiederholt, um die Ergebnisse mit früheren Untersuchungen zu vergleichen (Hill et al., 2004).

Das CRM wird im Allgemeinen dann durchgeführt, wenn herausgefunden werden soll, ob der Zustand der Korallenriffe als „gesund“ zu bezeichnen ist oder eventuell eine Gefährdung dieses Zustandes – sei es durch Tiere, Menschen oder andere Faktoren – besteht. Des Weiteren kann mit diesem Verfahren festgestellt werden, ob sich in einem Gebiet Populationen verändert haben, oder welche Auswirkungen der Tourismus auf ein Riff hat. Nicht zuletzt kann mithilfe dieses Verfahrens Aufschluss über den eventuellen Erfolg vorangegangener Schutzmaßnahmen gegeben werden.

Idealerweise werden bei einem Monitoring bestimmte Parameter berücksichtigt. Dazu gehören: die Lage und Größe des Riffs, die Zusammensetzung der Korallengesellschaften, Fischpopulationen und Praktiken des Fischens, sowie die Größe und Struktur der

Gesellschaft, die diese Ressource nutzen und das Verstehen der gegebenen Gesetzgebungen und Schutzmaßnahmen (Hill et al., 2004).

Von besonderer Bedeutung für diese Arbeit ist vor allem die Dokumentation der Größe, Verteilung und Zahl der einzelnen Korallen in dem zu beobachtenden Transekt 6, das in Anlehnung an die Diplomarbeit Jessica Mackens so bezeichnet wird, da es das sechste in der Beau Vallon Bay gelegene Gebiet ist, in dem Untersuchungen stattgefunden haben. Um in zukünftigen Beobachtungen etwaige Veränderungen in der Korallenzusammensetzung und Dichte feststellen zu können sollte eine detaillierte Kartierung der Korallen innerhalb des Transektes vorgenommen werden. Um dieses Vorhaben zu verwirklichen, wurde eine Kombination der „Photo–Quadrat–Methode“ (PHOTS) und „Photo–Line–Intercept–Transect-Methode“ (PLIT) angewandt, bei der entlang einer Leine innerhalb eines Quadrats aus Edelstahl verschiedene Fotoaufnahmen gemacht werden (Hill et al., 2004).

5.2 Untersuchungsort

Die Untersuchungen wurden vom 07.04.12 bis zum 18.05.12 am Riff der Beau Vallon Bay, im Nordwesten der Insel Mahé, durchgeführt. Unerlässliche Ausrüstungsgegenstände waren eine Schnorchelausrüstung, die schon erwähnten Metallrahmen und die markierte Leine sowie ein wasserdichter Kompass und eine Unterwasserkamera (Marke: Canon Power Shot D10). Der Festlegung des Transektes dienten zwei markante Fixpunkte nahe der Riffkante, zwischen denen die Leine gespannt wurde, an deren westlicher Seite Christiane Bock und an deren östlicher Seite die Autorin die Dokumentationen vornahm.

Die Aufnahmen erfolgten von Süden in Richtung Norden, nahezu parallel zum Strand. Als besonders geeignet zur Markierung des Transektes wurden ein sehr großer Block, der von Korallen der Gattung *Porites* bedeckt war (im Süden) und eine auffällige Lederkoralle (im Norden), befunden. Diese Punkte wurden als besonders hervorstechend und dauerhaft eingeschätzt. Zusätzlich zu diesen zwei Punkten, wurden drei weitere gewählt, um das Terrain leichter wieder zu finden: ein Abflussrohr, ein Stein am Strand, direkt am Wall sowie einer im Wasser. Der Steinwall wurde im Februar 2012 errichtet, um zu verhindern, dass Wassermassen auf die angrenzende Straße gespült werden. Auf dem folgenden Bild (Abb. 11) ist dies allerdings noch nicht zu erkennen, da es Anfang 2012 aufgenommen wurde. Eine genaue Darstellung des Transektes 6 ist darum anhand dieses Bildes nicht möglich und wird in der daran anschließenden Abbildung 12 vorgenommen.

Abb. 11: Übersicht der südlichen Riffkante, in der T6xr liegt (Internetquelle 3).

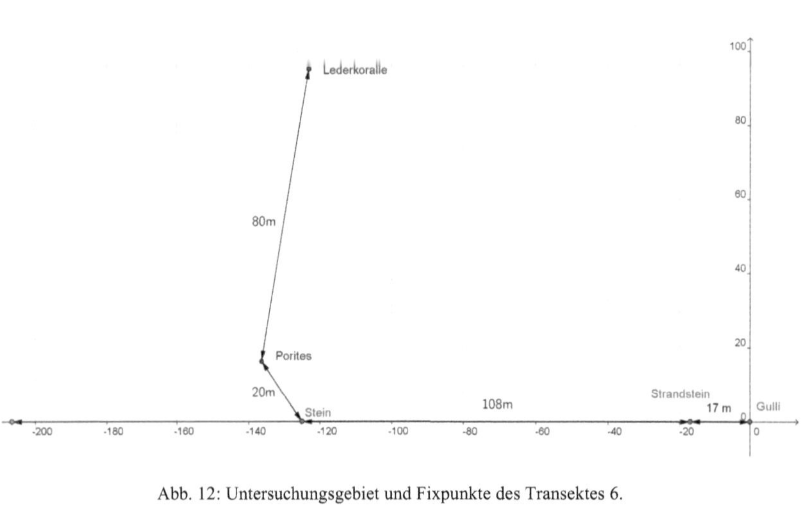

Abb. 12: Untersuchungsgebiet und Fixpunkte des Transektes 6.

5.3 Erfassungsmethoden

Bevor die eigentliche Arbeit begann, wurden die Metallrahmen schwarz lackiert, da – erfahrungsgemäß - das Licht von dem Metall so stark reflektiert werden konnte, dass es bei der Fotoaufnahme zu einer starken Überbelichtung hätte kommen können. Anschließend wurde eine 80m lange Leine in einem Abstand von jeweils einem Meter markiert und die beiden Enden mit Karabinerhaken versehen. Danach wurde das Seil auf eine Spulvorrichtung gewickelt, um später im Wasser das Einlegen und -holen der Leine zu erleichtern. Außerdem wurden zwei Steine ausgesucht, an denen je ein Karabinerhaken befestigt wurde, um diese später als Halterungen für die Leine, die – wie schon erwähnt – ebenfalls mit Haken versehen war, an den jeweils markierten Fixpunkten zu verwenden. Um das Risiko zu vermeiden, dass sich die Leine beim Auslegen in den Korallen verfängt oder durch Wellenbewegungen vom Kurs abkommt, wurden zusätzlich zu diesen zwei Ankerpunkten noch drei weitere gefertigt. Einer wurde am 40 m-Punkt der Leine, die anderen beiden an beliebigen Stellen, an denen die Bewegungen des Seils besonders heftig waren, befestigt. Da die Wellenbewegungen jedoch oft gewaltig waren, wurde nach einiger Zeit dazu übergegangen, die Leine auf eine Länge von 40 m zu kürzen. Das hatte den Vorteil, dass das Aus– und Einrollen der Leine schneller erfolgen konnte und diese auch weniger schwankte, was die Arbeit um ein Vielfaches erleichterte.

Beim Ausrollen der Leine hielt eine Person die Spule mit der Leine und befestigte diese am Anker eines der bestimmten Fixpunkte, während die andere in einem gewissen Abstand und einem Winkel von entweder 10° in nord-westlicher Richtung (von der *Porites* aus zur Lederkoralle, bzw. zum 40 m–Punkt) bzw. vice versa Richtung Süd-Ost voran schwamm. Der Leinenträger musste langsam folgen und dabei stets darauf achten, dass sich das Seil nirgends verhakte. War die Leine dann korrekt befestigt, wurde jeder einzelne Meter von ihr abfotografiert, um in den folgenden Tagen anhand dieser Fotos die Leine wieder genauso auszurichten. Anschließend wurden die bereits erwähnten PHOTS- und PLIT–Methoden angewandt. Hierfür wurde ein quadratischer Edelstahlrahmen mit einer Seitenlänge von einem Meter mal einem Meter an die entsprechenden Markierungen der Leine gelegt (Abb. 13).

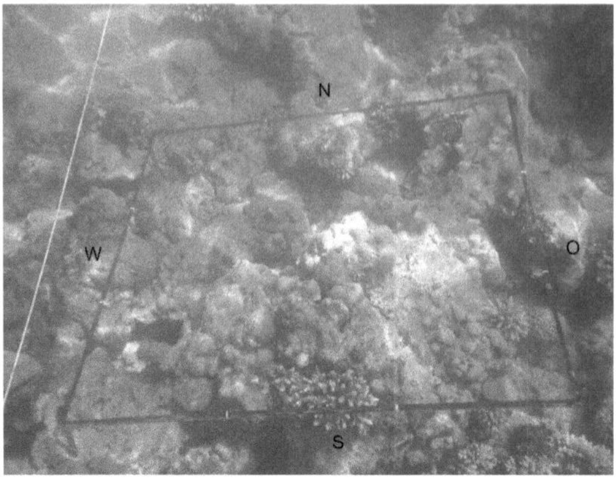

Abb. 13: Übersichtsfoto eines Quadranten aus T6. Der Quadrant trägt die Beschriftung T6 8r, d.h. der Rahmen gehört zum sechsten Transekt, liegt acht Meter vom ersten Fixpunkt (*Porites*block mit Auster) entfernt und befindet sich auf der rechten (östlichen) Seite der Leine.

Die fotografische Dokumentation des Quadranten erfolgte in Form eines Systems, das 2011 von Macken entwickelt wurde. Dem entsprechend wurden zwei Übersichtsfotos – eines in Nord – und eines in Südrichtung – geschossen, um im Anschluss daran neun Teilaufnahmen des Quadranten in der Reihenfolge von unten links nach oben rechts, vorzunehmen (Abb. 14). Die Einhaltung dieses Arrangements ist besonders wichtig, da eine Vergleichbarkeit der Ergebnisse sonst nicht gewährleistet ist. Für die spätere taxonomische Auswertung der Korallen wurden zusätzliche Nahaufnahmen gemacht, da eine Einordnung der Korallen in eine bestimmte Art oft auf Detailstrukturen beruht, die man anhand der neun Teilaufnahmen meistens nicht zu erkennen vermag. Die soeben beschriebene Prozedur wurde an jedem einzelnen Quadratmeter wiederholt.

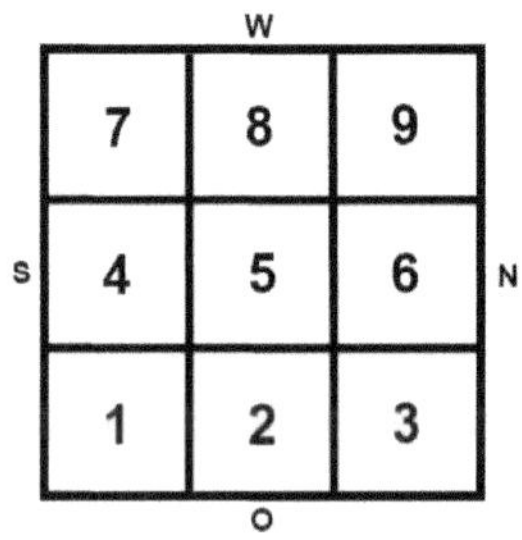

Abb. 14: Graphische Darstellung eines 1 m^2 großen Quadranten mit Nord-Süd-Ausrichtung, wie er im Korallenriff ausgelegt wurde. Der Metallrahmen ist in 9 Abschnitte eingeteilt. Die Zahlen stellen die Reihenfolge dar, in der die Quadranten abfotografiert wurden.

5.4. Auswertung der Daten

Die aufgenommenen Fotos wurden am Ende des Arbeitstages auf dem Computer sortiert, in dem für jedes Quadrat ein Ordner angelegt wurde, der seine Bezeichnung nach dem oben erwähnten Schema erhielt. Nachdem die Fotos ausgewertet und die Arten bestimmt waren, wurden mit dem Grafikprogramm Gimp Umrisszeichnungen der Quadranten inklusive der darin befindlichen Korallen angefertigt, und diese dann mithilfe von Adobe Photoshop beschriftet (Abb. 15).

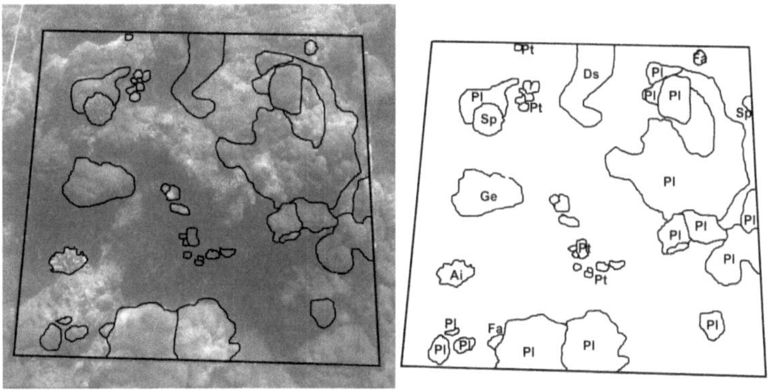

Abb. 15: T6 6r nach Bearbeitung mit Gimp (links) und nach der Beschriftung mit Adobe Photoshop (rechts).

Anschließend wurden die verschiedenen Korallenarten mithilfe des Programms Adobe Illustrator CS5 durch einheitliche Symbole dargestellt, die dann die Plätze der „eigentlichen" Korallen einnehmen und so einen besseren Überblick der Diversität und Größenverhältnisse der Korallen im Transekt 6 verschaffen konnten (Abb. 16). Die Häufigkeiten und Verteilung der einzelnen Arten wurden anhand von Diagrammen verdeutlicht, welche auf den Seiten 36 bis 38 abgebildet sind.

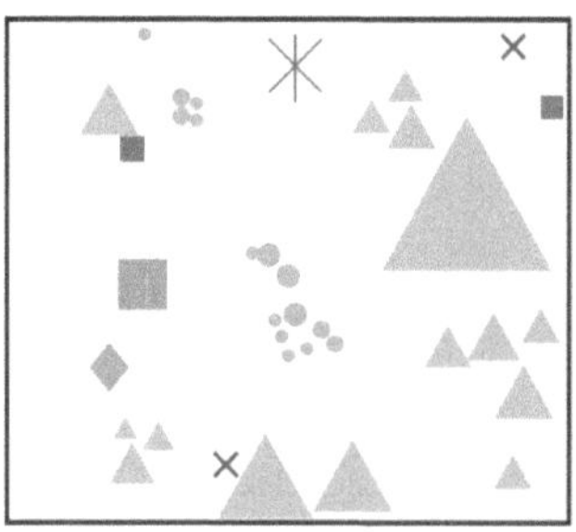

Abb. 16: T6 6r nach der Bearbeitung mit Adobe Illustrator CS5.

Zur weiteren grafischen Auswertung wurden die fertigen Umrisszeichnungen mit ihren Beschriftungen nochmals mit dem Zeichenprogramm Gimp bearbeitet. Hierbei wurden die Bestandteile der Bilder in „Rand“, also der Raum, der außerhalb des Metallrahmens liegt, in „lebende Koralle“, „tote Koralle“ und „Zwischenraum“ unterteilt. Diese verschiedenen Bereiche wurden unterschiedlich eingefärbt. So bekam der „Rand“ die Farbe blau, die lebenden Kolonien wurden grün eingefärbt, die toten schwarz und der Zwischenraum erhielt die Farbe rot (Abb. 17). Gimp konnte anhand dieser Einfärbungen den Prozentsatz der jeweiligen verschieden kolorierten Bereiche anzeigen, womit dann mithilfe einer Exceltabelle der Bedeckungsgrad der lebenden und toten Kolonien berechnet werden konnte.

Abb. 17: T6 6r nach nochmaliger Bearbeitung mit Gimp.

5.5. Probleme bei der Datenaufnahme

Die praktischen Arbeiten im Wasser und somit auch die Qualität der Fotoaufnahmen wurden durch mehrere Faktoren eingeschränkt. Der bedeutsamste begrenzende Faktor waren die Gezeiten. Damit taugliche Fotos aufgenommen werden konnten, durfte das Wasser eine bestimmte Höhe nicht überschreiten, denn die dann länger werdenden Tauchphasen führten schnell an physische Grenzen und diese zu unscharfen Fotos. Deswegen wurde bei Ebbe gearbeitet bzw. jeweils zwei Stunden vor und nach dem Niedrigstand. Außerdem war – besonders nach starken Regenfällen – das Wasser an manchen Tagen so aufgewühlt und trüb, dass die schlechte Sicht unter Wasser das Arbeiten sehr erschwerte und zeitweise über mehrere Tage ganz abgebrochen werden musste. Auch konnte es passieren, dass die

Sonneneinstrahlung zu einer Überbelichtung der Fotos führte. Besonders an hellen Stellen, also zum Beispiel dort, wo sich die dunkle Farbe vom Metallrahmen ablöste, konnte es zu einer starken Reflektion kommen. Auch auf dem Kameradisplay konnte es zu einer Rückstrahlung des Sonnenlichtes kommen, was sich auf die Qualität der Fotos auswirkte. Dies führte wiederum zu Schwierigkeiten bei der Identifizierung und der taxonomischen Einordnung der Korallen, da die Bestimmung der Korallenarten nur anhand der digitalen Fotos am Computer vorgenommen werden konnte. Einige Arten lassen sich nur anhand von sehr feinen Unterschieden in den Skelettstrukturen oder durch Sequenzierung unterscheiden. Um eine Sequenzierung durchführen zu können hätte man allerdings Gewebeproben nehmen müssen, was natürlich die Korallen beschädigt hätte und deshalb zu vermeiden galt. Des Weiteren kam es einige Male zu technischen Schwierigkeiten mit den Kameras, wodurch die Arbeit auch des Öfteren unterbrochen werden musste.

Beeinträchtigt wurden die Untersuchungen im Riff auch von starkem Wellengang, Strömung und durch das Erreichen physischer Grenzen. Außerdem konnte es bei der Ausrichtung des Transektes mithilfe des Kompasses durch die Wasserbewegungen zu Ungenauigkeiten bei der Messung kommen. Ein Fehler von nur 1 bis 2° kann auf mehreren Metern evtl. zu nennenswerten Abweichungen führen.

Bei der Einschätzung der Größe und Anzahl der Korallen konnten ebenso Ungenauigkeiten auftreten. Dies kommt daher, dass manche krustierenden Korallenarten in Nischen wuchsen bzw. in kleinen Höhlen, und dort sehr schwer zu sehen waren. Einige Korallen waren von Algen oder Schwämmen dermaßen überwuchert, dass sie nicht immer sicher erkannt, oder die einzelnen Kolonien voneinander abgegrenzt werden konnten. So wurden unter Umständen einige Korallenkolonien gar nicht als eigene Individuen erfasst und andere doppelt gezählt.

Aufgrund der diversen Morphologie des Riffs konnte nicht immer mit Metallrahmen gearbeitet werden; die fotografische Dokumentation und somit die grafische Verwertung waren dadurch erschwert.

Bei der Auswertung mit Adobe Illustrator konnte es außerdem zu Ungenauigkeiten in der Größenwiedergabe der Korallen kommen, weil die verschiedenen Formen der Symbole nur annähernd die Größe widerspiegeln.

6. Ergebnisse

6.1 Liste der nachgewiesenen Korallenarten und -gattungen

Auf 80 m Länge wurden im östlichen Teil des Transektes 6 32 verschiedene Korallenarten aus 22 Gattungen identifiziert. Nicht alle Arten konnten einwandfrei bestimmt werden, so dass diese nach dem Schema: „*Goniastrea edwardsi*“ oder „*retiformis*“ benannt wurden, d.h. „Gattung, wahrscheinlichere Art“ oder „Art, die auch in Frage kommt“.

Tabelle 1: Liste der nachgewiesenen Korallenarten und –gattungen in T6xr.

Acropora sp.	*Galaxea astreata*
Acropora digitifera	*Galaxea fascilcularis*
Acropora divaricata	*Acanthastrea brevis*
Acropora formosa	*Hydnophora microconos*
Acropora longicyathus	*Favites abdita* oder *complanata*
Pocillopora damicornis	*Favites pentagona*
Stylophora pistillata	*Leptastrea purpurea*
Porites lutea oder lobata	*Echinopora hirsutissima*
Porites rus	*Echinopora lamellosa*
Goniopora planulata	*Physiogyra liechtensteinii*
Alveopora allingi	*Turbinaria stellulata* oder *irregularis*
Discosoma sp. 1	*Palythoa tuberculosa*
Metarhodactis sp.	*Lobophytum sp.*
Psammocora contigua oder *obtusangula*	*Sacrophyton trocheliophorum*
Goniastrea edwardsi oder *retiformis*	*Pavona frondifera*
Pavona explanulata	

6.2 Beschreibung der neu nachgewiesenen Korallenarten bzw. -gattungen

Die oben genannten Korallenarten und –gattungen, welche in T6xr identifiziert wurden, sind - bis auf drei - bereits in anderen Transekten des Untersuchungsgebietes bestimmt worden. Die drei Ausnahmen werden im Folgenden vorgestellt.

Acropora longicyathus

Die baumähnlichen Kolonien dieser Species leben vorzugsweise in den ruhigen Gewässerzonen des Riffs. Ihre Äste sind an der Basis stämmig und werden zur Spitze hin allmählich dünner. Die zahlreichen axialen sowie langen und zylindrischen Koralliten, welche in alle Richtungen abstehen wie die Borsten einer Bürste, haben dicke Wände mit runden Öffnungen. Normalerweise sind sie blass bis dunkelbraun, mitunter sogar blau. *Acropora longicyathus* kann als eine dominante Spezies in großen Riffbereichen, besonders in ausgedehnten Lagunen auftreten. Unter guten Bedingungen bildet sie dort große monospezifische Populationen, welche dann die ganze Lagune bedecken können (Veron, 2000; Erhardt/Knop, 2005).

Abb. 18: Acropora longicyathus in T6 66r. Übersicht (links) und Detail. (rechts)

Acanthastrea brevis

Die Kolonien dieser Art wachsen submassiv und besitzen cerioide bis subplocoide Koralliten mit dünnen Wänden. Im Gegensatz zu vielen ihrer Artgenossen wirkt *Acanthastrea brevis* nicht fleischig und kann sowohl einheitlich braun, gelb oder grün sowie in eben diesen Farben marmoriert sein. Ihre größeren Septen sind mit langen herausragenden Zähnen versehen, die den Kolonien ein stacheliges Aussehen verleihen. Besonders verbreitet ist diese Art nicht, kommt aber, wenn dann eher in flacheren Riffumgebungen vor.

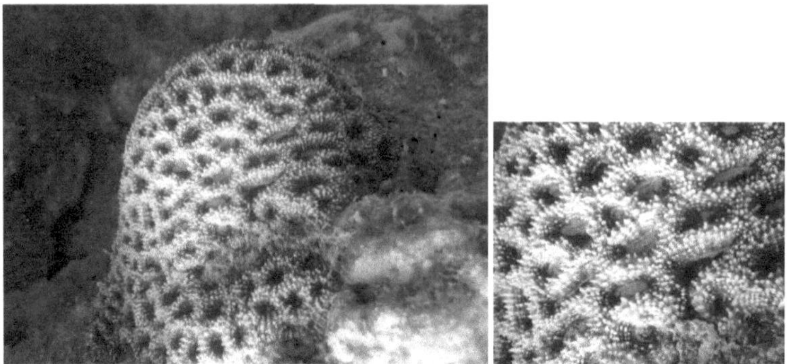

Abb. 19: Acanthastrea brevis in T6 38r. Übersicht (links) und Detail (rechts).

Discosoma sp.2

Diese Art der Scheibenanemone aus der Gattung *Metarhodactis* (Vielmundige Scheibenanemone) ist wohl bisher – zumindest auf Mahé - noch nicht bestimmt worden, was damit zusammenhängen mag, dass über die Gattung grundsätzlich nicht viel bekannt ist. Der Grund hierfür wiederum liegt darin, dass diesen Korallen ein Hartskelett fehlt, was nach dem Absterben Strukturen hinterlässt und dass eine Bestimmung an lebenden Organismen dieser Gattung, wegen der Ähnlichkeit der Arten, sehr schwierig ist. Damit bleiben einzig molekularbiologische Charakteristika. Ein Polyp dieser Gattung kann mehrere Münder haben, die sich auch auf den Detailfotos identifizieren ließen. Manchmal erscheinen die Polypen mäanderartig und ähneln so dem Wuchs anderer mäanderartiger Hartkorallen wie *Goniastrea*, obwohl sie ansonsten, z.B. in ihrem äußeren Erscheinungsbild, nicht viel gemeinsam haben (Erhardt und Knop, 2005).

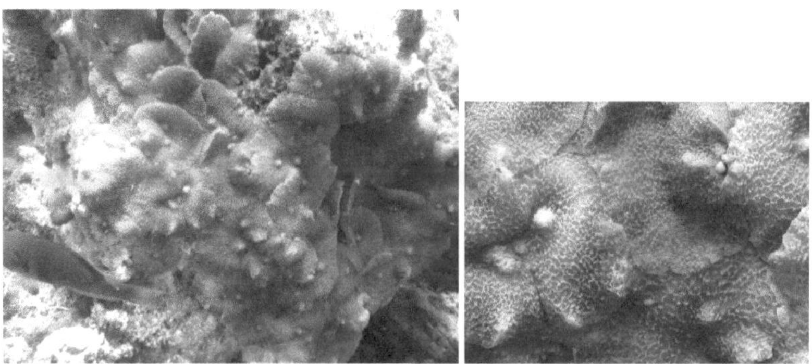

Abb. 20: Metarhodactis sp. in T6 12r. Übersicht (links) und Detail (rechts).

6.3. Verteilung der nachgewiesenen Korallenarten

Innerhalb des Transektes T6xr ist die Korallenart der *Porites lutea* oder *lobata* mit 316 Kolonien als absolut dominant zu bezeichnen (Abb. 31). Eine weitere, das Riffbild dieses Transektes bestimmende Art ist *Palythoa tuberculosa* mit 262 Kolonien, gefolgt von *Porites rus* und Korallenkolonien der Gattung *Acropora*, innerhalb welcher die Arten nicht immer eindeutig bestimmt werden konnten. Die zur Familie der Faviidae gehörende *Goniastrea edwardsi* oder *retiformis* bildet mit 105 Kolonien das Schlusslicht unter den im Transekt T6xr vorherrschenden Arten.

Korallen der Gattung *Discosoma*, der Art *Stylophora pistillata*, sowie *Pocillopora damicornis* und verschiedene Gattungen bzw. Arten der Familie der Faviidae sind auch häufig vertreten, ebenso die Korallenarten *Sacrophyton trocheliophorum* und *Favites pentagona*. Wenigere Vertreter sind jedoch unter den Arten bzw. Gattungen *Goniopora planulata*, *Alveopora allingi*, *Metarhodactis sp.* (auf Abbildung *Discosoma sp. 2*), *Psammocora contigua* oder *obtusangula*, *Pavona explanulata*, *Pavona frondifera*, *Galaxea astreata* und *fascicularis*, sowie *Acanthastrea brevis*, *Hydnophora microconos*, *Favites abdita* oder *complanata*, *Leptastrea purpurea*, *Echinopora hirsutissimia* und *lamellosa*, *Physiogyra liechtensteinii*, *Turbinaria stellulata* oder *irregularis* und *Lobophytum sp.* zu finden.

Insgesamt sind die Arten innerhalb der Transekte T6xr relativ ungleichmäßig verteilt (Abb 21-27). Auffällig ist, dass besonders in der Mitte des Untersuchungsbereichs, also ca. von Quadrant 42 bis 53 großflächige tote Kolonien der Gattung *Acropora* zu finden sind (Abb. 30 + Abb. 24-25). Es erwies sich hier als besonders schwierig die einzelnen Kolonien zu unterscheiden, weil sie teilweise stark von Algen überwachsen waren. Überhaupt schien es sich hier um relativ große, wenige Kolonien zu handeln, weshalb sie im Diagramm als nicht besonders auffällig erscheinen. Tatsache ist jedoch, dass die Quadranten in diesem Bereich von den toten *Acropora*–Kolonien oft fast vollständig ausgefüllt waren. Besonders hoch war der Bedeckungsgrad mit der/den toten Korallenkolonie/n in Quadrant 47 (Abb. 25). Er beträgt hier einen Wert von über 95%. Des Weiteren ist anzumerken, dass die Kolonien der Art *Porites lutea* oder *lobata* in diesem, von dem toten *Acropora*-Feld bedeckten Bereich gar nicht vorkommen, obwohl sie ansonsten das Riffbild dominieren. Dasselbe gilt für Korallen der Art *Porites rus*. Auch die Bedeckung mit der Korallenart *Goniastrea edwardsi* oder *retiformis* scheint im mittleren Bereich einzubrechen, obwohl sie ansonsten Anfang und Ende des Transektes relativ gleichmäßig überzieht. *Palythoa tuberculosa* ist bis zum 32. Quadrant häufig vertreten, kommt ab dann gar nicht mehr vor und ist erst in den letzten drei Quadranten wieder häufiger zu finden.

Die lebenden Kolonien der Gattung *Acropora* sind – bis auf das Ende des Transektes - relativ gleichmäßig vertreten. *Pocillopora damicornis* – Kolonien finden sich vor allem bis zum 33. Meter, wohingegen sich die Kolonien von *Stylophora pistillata* und der Faviidae fast überall außer in der Mitte des Gebiets befinden. Weichkorallen der Gattung *Lobophytum sp.* kommen eher am nördlichen Ende des Transektes vor. Über die Verteilung der übrigen Korallenarten lässt sich keine eindeutige Aussage treffen, da sie teilweise nur in sehr geringer Anzahl oder sogar nur mit einer Kolonie pro Art vertreten sind. Dies betrifft auch die Verteilung der toten Korallen, obwohl der Anteil eben jener in Quadrant 40 bis 65 – das tote *Acropora*-Feld mit eingeschlossen – insgesamt deutlich höher ist, als am Anfang und Ende des Transektes.

uK = nicht bestimmbare Koralle
A = Acropora sp.
Ad = Acropora digitifera
Ai = Acropora divaricata
Af = Acropora formosa
Al = Acropora longicyathus
Ak = Acropora klein
aA = Acropora tot
Pd = Pocillopora damicornis
Sp = Stylophora pisillata
aS = Stylophora tot
Pl = Porites lutes oder lobata
Pr = Porites rus
aPl= Porites lutes oder lobata tot
aPr= Porites rus tot
Gp = Goniopora planulata
Aa = Alveopora allingi
Di1= Dicosoma sp. 1
Di2= Dicosoma sp. 2
Pc = Psammocora contigua oder obtusangula
Ge = Goniastrea edwardsi oder retiformis
aGe= Goniastrea edwardsi oder retiformis tot
Pe = Pavona explanulata
Pf = Pavona frondifera
Ga = Galaxea astreata
Gf = Galaxea fascicularis
Ab = Acanthastrea brevis
Hm= Hydnophora microconos
F = Faviidae gen. sp.
Fa = Favites abdita oder complanata
Fp = Favites pentagona
Lp = Leptastrea purpurea
Eh = Echinopora hirsutissima
El = Echinopora lamellosa
Py = Physiogyra lichtensteinii
Ts = Turbinaria stellulata oder irregularis
Pt = Palythoa tuberculosa
Ly = Lobophytum sp.
St = Sacrophyton trocheliophorum
* = tote Koralle

Abb. 21: Abkürzungsverzeichnis und Symbole. Die Abkürzungen gelten für alle folgenden Excel-Grafiken und die Symbole für alle anschließenden Illustrator-Grafiken.

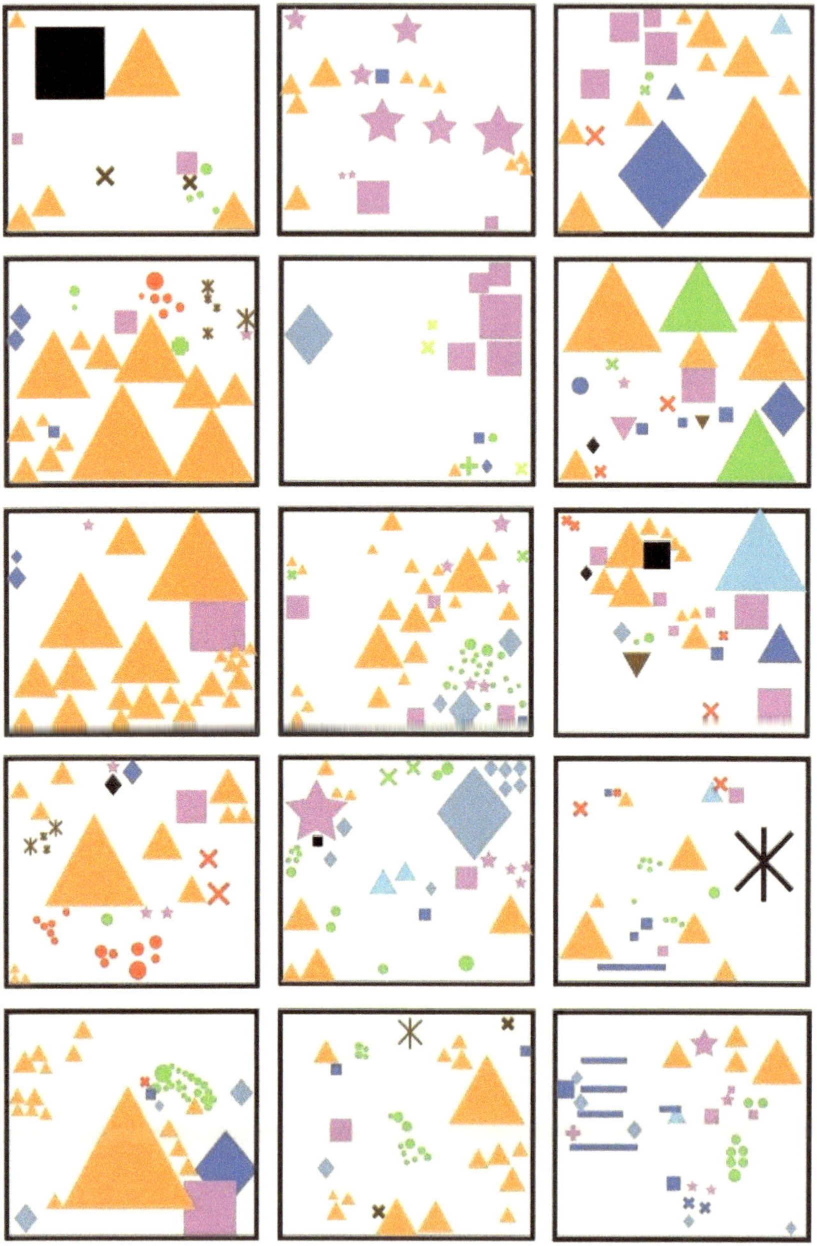

Abb. 22: Grafische Darstellung der Korallenverteilung im Transekt T6xr mit Adobe Illustrator von Quadrant 1 bis 15. Leserichtung: von unten nach oben (unten links nach oben, unten Mitte nach oben, unten rechts nach oben) gilt für alle folgenden Illustrator-Grafiken.

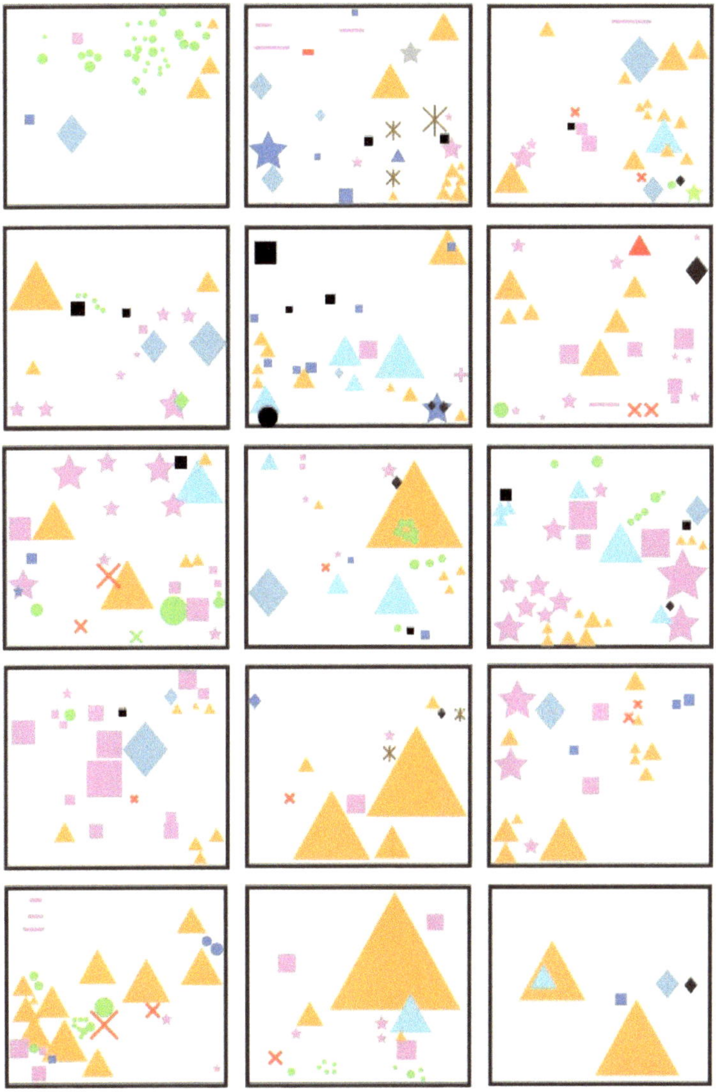

Abb. 23: Grafische Darstellung der Korallenverteilung im Transekt T6xr mit Adobe Illustrator von Quadrant 16 bis 30.

Abb. 24: Grafische Darstellung der Korallenverteilung im Transekt T6xr mit Adobe Illustrator von Quadrant 31 bis 45.

Abb. 25: Grafische Darstellung der Korallenverteilung im Transekt T6xr mit Adobe Illustrator von Quadrant 46 bis 60.

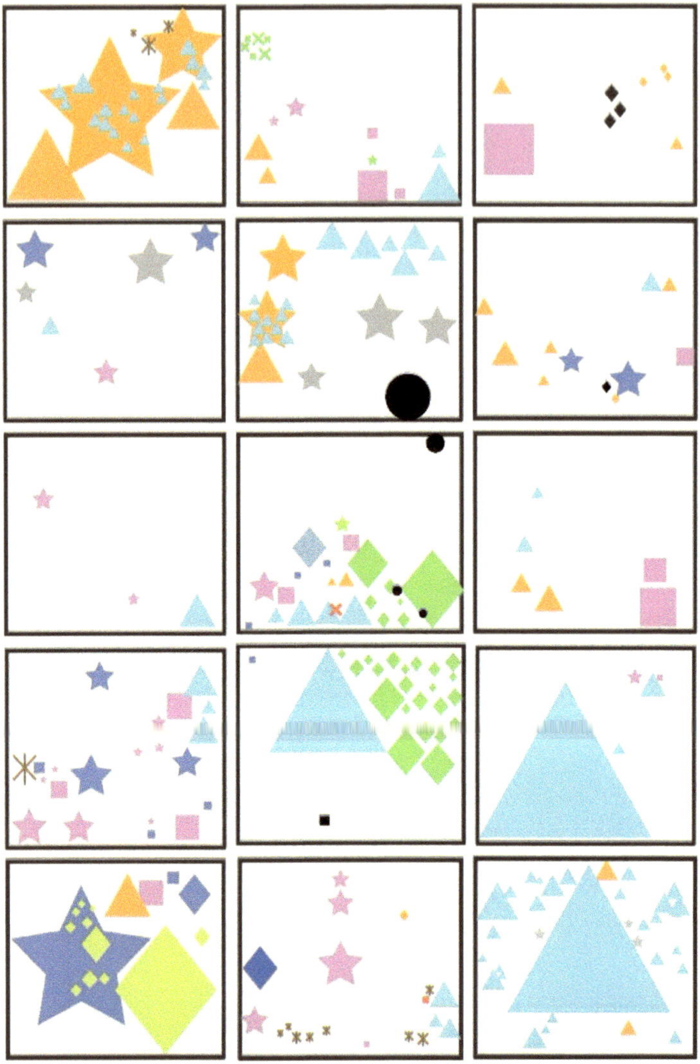

Abb. 26: Grafische Darstellung der Korallenverteilung im Transekt T6xr mit Adobe Illustrator von Quadrant 61 bis 75.

Abb. 27: Grafische Darstellung der Korallenverteilung im Transekt T6xr mit Adobe Illustrator von Quadrant 76 bis 80.

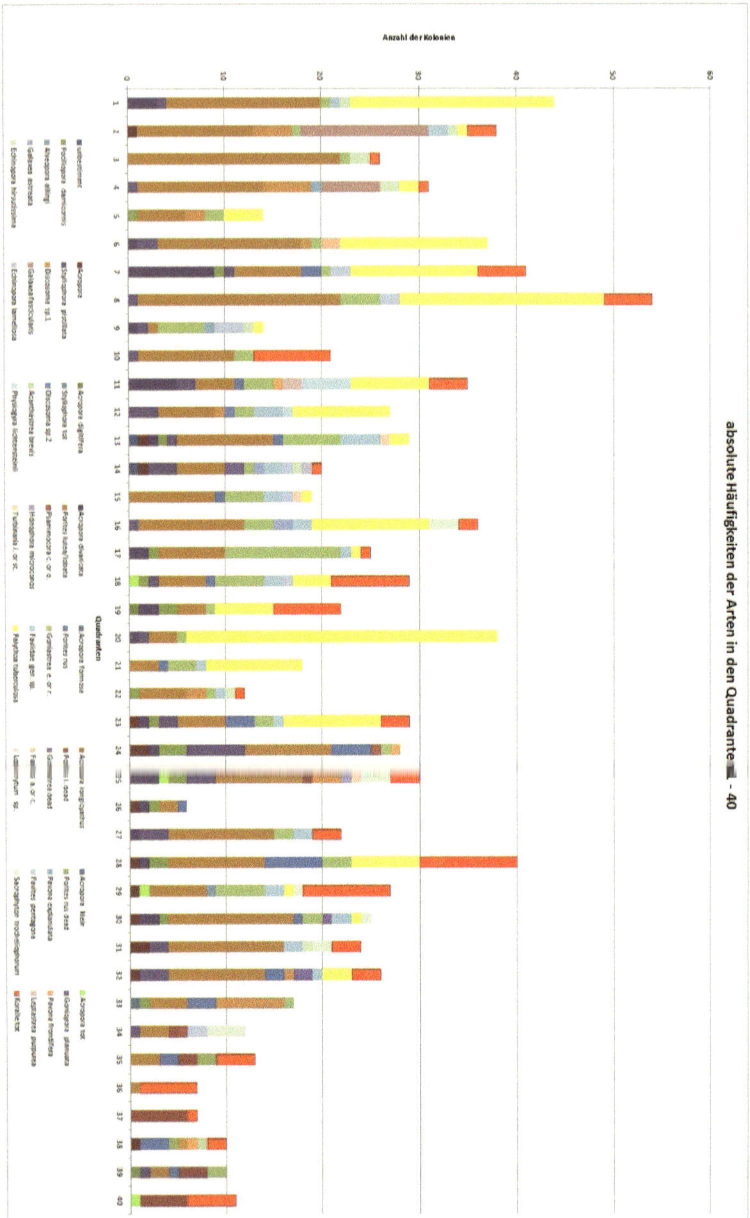

Abb. 28: Anzahl der Korallenkolonien der einzelnen Arten in den Quadranten 1 bis 40.

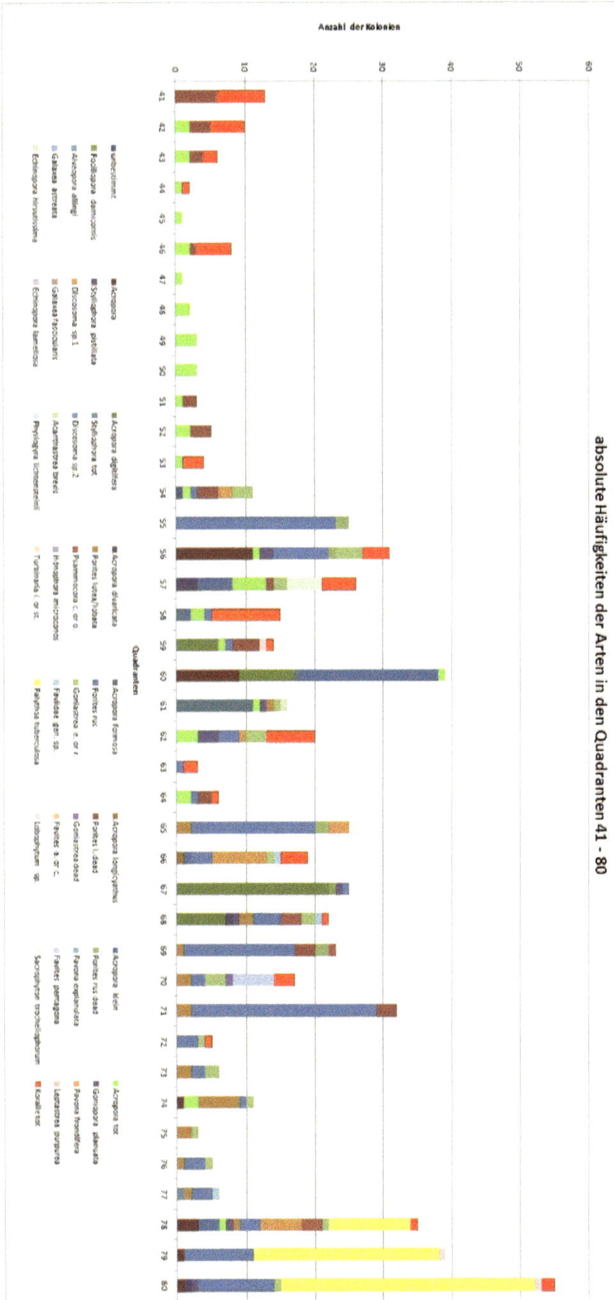

Abb. 29: Anzahl der Korallenkolonien der einzelnen Arten in den Quadranten 41 bis 80.

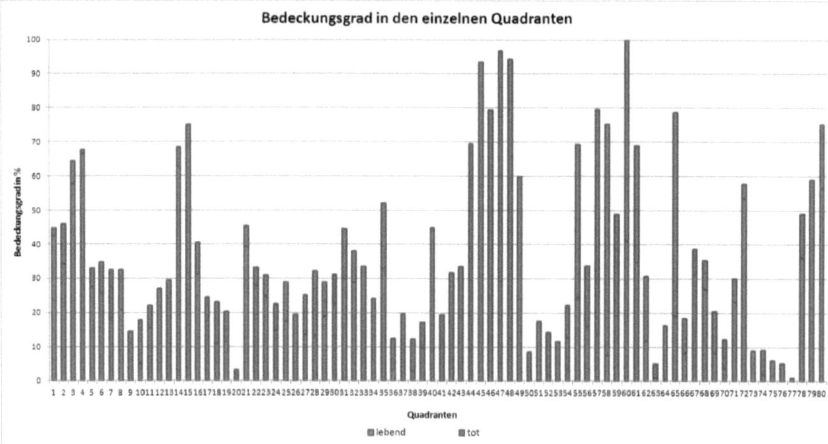

Abb. 30: Bedeckungsgrad (in Prozent) in den einzelnen Quadranten 1 bis 80.

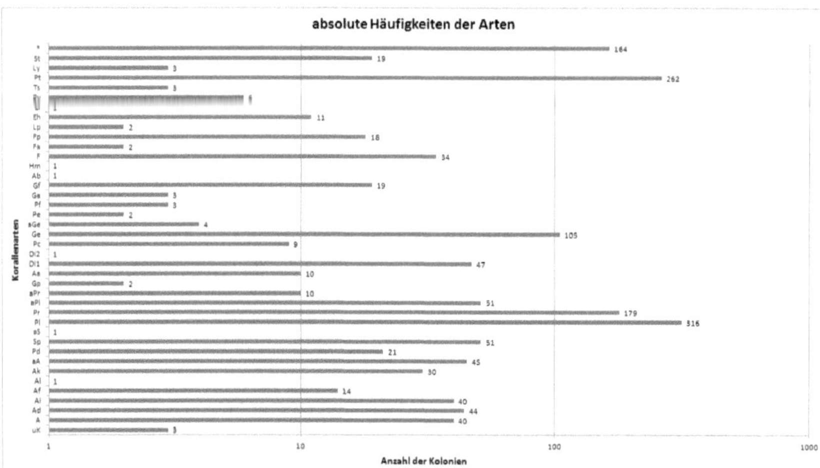

Abb. 31: absolute Häufigkeiten der Korallenarten.

7. Diskussion

7.1 Verteilung der Korallen

Im Folgenden soll die Vergesellschaftung der Arten untereinander und die Gründe ihres Vorkommens in den jeweiligen Bereichen des untersuchten Transektes erörtert werden. Rosen (1971) unterscheidet anhand eines Lichtgradienten und der Stärke der Wasserbewegung drei verschiedene Korallengesellschaften in den Riffen um Mahé: eine *Pocillopora-*, eine *Acropora-* und eine *Porites-*Gesellschaft. Dies gilt sowohl in vertikaler Richtung, von der Riffkante zum äußersten Riffhang als auch in lateraler Richtung von der Riffkante zum Beginn des Riffdachs. Die *Pocillopora-*Gesellschaft kommt ihm zufolge vor allem in den Bereichen des Riffs vor, in denen eine starke Wellenbewegung herrscht, wie an der Riffkannte. Diese Gesellschaft ist hauptsächlich an der windzugewandten Seite der Südostküste Mahé's zu finden. Die hier vorkommenden Arten sind *Pocillopora* der *danae - meandrina* Gruppe, *Acropora humilis* und *Millepora platyphylla* mit *Stylophora pistillata.* Die *Acropora* - Gesellschaft ist eher in flachen, geschützten Bereichen des Riffs zu suchen, wobei sie sich in der Beau Vallon Bay bis in eine Tiefe von 20 m erstrecken. Innerhalb dieser Gruppe können neben *Acropora humilis, formosa* und *hyacinthus* auch Arten aus der Familie der Fungiidae vorhanden sein. Die dritte für Mahé von Rosen beschriebene Gesellschaft ist die der *Porites* - Assoziation. Sie beinhaltet massive Korallen wie *Porites lutea*, *P. solida*, die *Goniastrea retiformis*, *Favites halicora*, *Platygyra lamellina* sowie *Leptoria phrygia* und befindet sich auch eher in geschützten Bereichen mit minimaler Wasserbewegung. Ferner kann die massive Struktur dieser Gesellschaft Standorte für empfindliche Korallen wie zum Beispiel *Echinopora lamellosa* ausbilden.

Im Gegensatz zu dem von Rosen beschriebenen Modell ist innerhalb des Transektes T6xr keine Dominanz der Gattung *Pocillopora* zu verzeichnen, obwohl sie an der Riffkante liegt und hier dementsprechend heftige Wasserbewegungen herrschen. *Pocillopora* ist jedoch nur mit 21 Kolonien vertreten, darunter nicht wie von Rosen für die Gesellschaft beschrieben, mit Vertretern aus der *danae-meandrina* Gruppe, sondern mit *Pocillopora damicornis* (Abb. 31). Hier ist noch einmal zu erwähnen, dass das untersuchte Saumriff in einer geschützten Bucht auf der den vorherrschenden südöstlichen Monsunwinden abgewandten Westseite der Insel liegt und die Wasserbewegung allgemein geringer ist. *Acropora humilis* und *Millepora platyphilla*, welche auch zu dieser Gesellschaft gehören sind in T6xr gar nicht zu finden, wohl aber *Stylophora pistillata* mit 51 Kolonien. Obwohl *Stylophora pistillata* und *Pocillopora damicornis* sich des Öfteren im selben Quadranten befinden, kann hier von einer beschreibbaren Assoziation keine Rede sein (Abb. 28/29).

Von einer *Porites*-Gesellschaft lässt sich schon eher sprechen. Auf der Ostseite des Transektes T6xr ist die Gattung *Porites* mit den Vertretern *lutea* oder *lobata*, welche vor allem massive Blöcke ausbilden und *rus* mit ihren verzweigten Wuchsformen absolut dominant. Ein weiteres Indiz für die *Porites*-Gesellschaft ist das gehäufte Vorkommen von *Goniastrea edwardsi* oder *retiformis*. Die anderen von Rosen beschriebenen Arten dieser Gesellschaft sind im Transekt T6xr nicht identifiziert worden, wobei das Vorkommen von *Favites halicora* nicht ausgeschlossen werden kann, weil ein eindeutiges Bestimmen einiger Faviidae nicht möglich war (Abb. 28/29).

Mit 169 Kolonien und damit zahlreich vertreten in T6xr ist die Gattung *Acropora*. Die von Rosen für diese Gesellschaft u.a. charakteristische Art *Acropora formosa* ist durchaus vorhanden, jedoch in – im Gegensatz zu den anderen *Acropora*-Arten - sehr geringem Maße (Abb. 31). Allerdings konnten hier auch einige *Acropora*-Exemplare nicht bis auf die Art bestimmt werden, weshalb das Vorkommen der anderen von Rosen für diese Gesellschaft beschriebenen Arten nicht ganz ausgeschlossen werden kann.

Überträgt man Rosen's Kriterien auf das Untersuchungsgebiet T6xr lässt es sich am ehesten als eine Mischform der *Porites*- und *Acropora*-Gesellschaft bezeichnen, da Korallen aus diesen beiden Gattungen in größerer Kolonieanzahl vertreten sind (495 und 169).

Dass *Porites* Rosen zufolge in geschützten Bereichen mit minimaler Wasserbewegung vorkommt, Korallen aus dieser Gattung jedoch in T6xr nahezu überall außer im mittleren Bereich existieren, lässt vermuten, dass in der Mitte des Transekts, nämlich im Gebiet der abgestorbenen *Acropora*–Kolonien, die Wasserbewegung stärker ist, als in den anderen Bereichen. Dies erklärt natürlich noch nicht den Tod dieser Kolonien – ganz im Gegenteil -, da *Acropora*-Kolonien normalerweise Wellenbewegungen gut verkraften. Es stellt sich überhaupt die Frage, weshalb die eigentlich an den geschützten Standorten vorkommenden Gesellschaften hier direkt an der Riffkante zu finden sind, die normalerweise relativ starken Wasserbewegungen ausgesetzt ist. Dies lässt sich vermutlich mit der geschützten Lage des Untersuchungsgebietes erklären, welches sich in der nördlichen Bucht von Beau Vallon vor den vorherrschenden südöstlichen Monsunwinden geschützt, befindet. Außerdem liegt die

Riffkante hier auch bei Ebbe relativ tief, so dass aufkommende Wellen an der Oberfläche durch die darunter liegenden Wassermassen unterdrückt werden und somit die Korallen in diesem Bereich relativ abgeschirmt bleiben. Neben den von Rosen beschriebenen Gesellschaften gibt es Taylor zufolge noch weitere Assoziationen. Vermehrt an Stellen, an denen die Salinität reduziert und die Trübung relativ hoch ist, würden *Pocillopora damicornis*, *Acropora divaricata* und Korallen der Gattung *Galaxea* zusammen auftreten. Diese Kombination existiert auch im Transekt T6xr. Grund für die reduzierte Salinität und die Trübheit kann – neben der geschützten Lage und dem geringen Wasseraustausch - der angrenzende Fluss sein, der Regen - und Abwasser ins Meer spült, oder aber auch aufgewirbelter Sand aus der angrenzenden Bucht. Die vielen Regenfälle sorgen auch des Öfteren dafür, dass Schlamm von dem die Bucht begrenzenden süd-westlich liegenden Gebirgshang ins Meer gelangt und Richtung Küste gespült wird. Jedoch lassen sich hier nur Vermutungen anstellen, weshalb die einzelnen Korallen an manchen Stellen gehäuft tot auftreten. Das tote *Acropora*-Feld ist eventuell ein Überbleibsel der großen Korallenbleiche 1998 oder aber es handelte sich um eine lichtliebende *Acropora*-Art, die durch die erhöhte Trübung nicht überleben konnte.

Nicht unerwähnt soll die Dominanz einer weiteren Koralle in diesem Transekt bleiben - *Palythoa tuberculosa*, mit 262 Kolonien sehr häufig, aber unregelmäßig vertreten, im Gegensatz zur Weichkoralle *Lobophytum sp.*, welche mit nur drei Kolonien eher am Ende des Transektes auftritt, denn Letztere kommt bevorzugt in sonnigem Flachwasser vor (Abb. 28/29/31). Je weiter Richtung Norden, desto flacher und klarer die Wassermassen über dem Riff in T6. Überhaupt lässt sich die ungleichmäßige Verteilung der Arten wohl am ehesten mit der diversen Morphologie des Riffs erklären. Im Süden war zudem die Sicht oft schlechter, weil es näher an der Riffkante lag, an die sich nahtlos die sandige Bucht anschloss. Deren Inhalt konnte schneller aufgewühlt werden und so die Sicht einschränken. Die Riffkante lag hier tiefer, als im Norden, jedoch lässt sich hieraus kein eindeutiger Rückschluss auf die Verteilung der Arten ziehen.

7.2 Vergleich zu anderen Transekten

2010 wurden bereits Riffkartierungen durchgeführt, welche allerdings nicht an der Riffkante entlang erfolgten, sondern die Leine vom Riffdach bis hin zur Riffkante, also von Osten nach Westen gelegt wurde. Das Untersuchungsgebiet war auch hier das Riff der Bucht von Beau Vallon, jedoch sind die drei Transekte weiter nördlich gelegen, als T6. In der von Macken

(2010) in Transekt T1 und T2 vorgenommenen Kartierung wurden 54 Arten aus 32 Gattungen identifiziert. In dem von Urbanke und Butzelar (2011) bearbeiteten Transekt T5 wurden an der Nordseite je 36 Arten aus 25 Gattungen und an der Südseite 32 Arten aus 23 Gattungen identifiziert. In T5 sind die meisten auf der südlichen Seite vertretenen Arten auch auf der nördlichen zu finden. Dennoch gibt es Arten bzw. Gattungen, die ausschließlich auf der nördlichen Seite zu finden sind: *Discosoma sp.*, *Distichopora violaceae*, *Echinopora hirsutissima, Gorgonaria, Pocillopora eydouxi* und *Sinularia*, wohingegen auf der südlichen Seite *Sarcophyton sp., Echinopora forskalina, Favites vasta* und *Leptastrea purpurea* vorkommen. Auch mit Mackens Ergebnissen stimmen die relativen Häufigkeiten der Korallenarten in T5 relativ gut überein. Sie hat in T1 und T2 die meisten der in T5 vorkommenden Arten identifiziert und darüber hinaus: *Pocillopora meandrina, Stylophora subseriata, Acropora irregularis* und *pinguis, Goniopora pectinata, Leptoria phrygia, Montrastea valenciennesi, Leptastrea transversa, Cyphastrea microphthalma, Echinopora hirsutissima, Physiogyra liechtensteinii, Gorgonaria, Sinularia, Lobophytum* und *Distichopora violacea* nachgewiesen. Da die Diversität vom Riffdach zur Riffkante zunimmt und in T1, T2 und T5 erst ab einer relativ hohen Meterzahl Korallen aufzufinden sind, nämlich nahe der Riffkante, sollen hier nur diese miteinander verglichen werden, zumal sich T6 entlang der Riffkante befand. In T1, T2 und T5 wurde außerdem nicht nur entlang der Leine kartiert, sondern an der Riffkante an den Stellen in die Breite gegangen, an denen die Diversität besonders hoch war. Dass die Untersuchungen nicht nur entlang der Leine statt fanden, ist auch insofern wichtig, als dass sowohl Korallengesellschaften als auch eine höhere Korallendiversität dadurch erfasst werden konnte, was durch das ausschließliche Arbeiten entlang der Leine nicht möglich gewesen wäre.

Die dominanten Arten in diesen drei Gebieten sind *Pocillopora damicornis, Palythoa tuberculosa* und *Goniastrea edwardsi* oder *retiformis*. Die letzten beiden Arten zählen auch mit zu den häufigsten im Transekt T6mr (Abb. 31). *Porites lutea* oder *lobata*, welche in T6 das Riffbild bestimmt, ist in T5, T1 und T2 allerdings seltener zu finden. Obwohl die dazugehörige Art *Goniastrea retiformis* so häufig vertreten ist, kann man in T1, T2 und T5 also nicht von einer Porites - Gesellschaft sprechen. Butzelar bezeichnet die vorhandenen Assoziationen innerhalb dieser drei Transekten eher als Mischform der *Acropora*- und *Pocillopora*-Gesellschaften. Die Assoziationen in T6 dagegen stellen allerdings eine Mischform aus der *Porites*– und *Acropora*-Gesellschaft dar. Dies gilt sowohl für die östliche, als auch die westliche Seite. Auf der östlichen Seite wurden 32 Arten aus 22 Gattungen identifiziert, wohingegen auf der westlichen Seite 43 Arten aus 27 Gattungen nachgewiesen werden konnten. Auf der Westseite wurden alle Arten der Ostseite und darüber hinaus die Arten: *Acropora tenuis, Astreopora, Favia speciosa, Cycloseris vaughani, Goniastrea pectinata, Goniopora sp. Hydnophora exesa, Leptoria phrygia, Lobophyllia sp. Montipora efflorescens, M. sp.* und *M. venosa*, sowie *Platygyra carnosus* nachgewiesen. Die Korallendiversität ist demzufolge im westlichen Teil des Transektes 6 größer, als im östlichen. Dies mag damit zusammenhängen, dass die westliche Seite näher an der Riffkante liegt, als die östliche. Auch wenn es sich hier lediglich um einen Quadratmeter Unterschied handelt, ist erkennbar, dass sich die Korallenvielfalt erhöht, je näher sich die Riffkante befindet. Die Häufigkeiten der einzelnen Arten, die auf beiden Seiten vorkommen sowie der Bedeckungsgrad mit lebenden und toten Korallen zwischen der Ost– und Westseite stimmen nahezu überein.

Schlussendlich ist festzuhalten, dass sich die drei Transekte T1, T2 und T5 bezüglich ihrer Häufigkeiten und Verteilung der Korallenarten sehr ähneln und dass folgende Arten das Riffbild bestimmen: *Pocillopora damicornis, Pavona explanulata, Palythoa tuberculosa, Montipora efflorescens* und *Goniastrea edwardsi* oder *retiformis*. In T6 wird das Riffbild jedoch von den Gattungen *Porites* und *Acropora* sowie den Arten *Goniastrea edwardsi* und *Palythoa tuberculosa* bestimmt, wobei die Prävalenz dieser beiden Arten eine Gemeinsamkeit zwischen allen vier Transekten darstellt. Die im Untersuchungsgebiet T6xr neu nachgewiesenen Arten bzw. Gattungen sind *Acropora longyciathus, Acanthastrea brevis* und *Metarhodactis sp.*. Sie kommen bis jetzt ausschließlich in T6 vor, nicht aber in T1, T2 oder T5. Dieser Unterschied mag u.a. damit zusammenhängen, dass sich T1, T2 und T5 ca. in der Mitte des Riffs befinden und nicht weit voneinander entfernt liegen, wohingegen sich T6 eher abgeschieden und direkt am Riffanfang befindet. So besitzen die drei Forschungsterrains auch eine ähnliche Riffmorphologie und andere vergleichbare Gegebenheiten (ähnliche Wasserbewegung etc.). Außerdem wurde hier entlang der Riffkante höchstens ein Viertel der Länge von T6 kartiert. Insgesamt ist die Morphologie des Riffs in T6 diverser und das Wasser trüber. Dies können mögliche Ursachen für die Unterschiede in der Zusammensetzung der Korallen zwischen den Transekten T1, T2 sowie T5 und Transekt T6 sein.

7.3 Ausblick

Die größten Riffe im westlichen Indischen Ozean sind die der Seychellen (Jennings et al., 2000). Sie dienen, wie eingangs erläutert, nicht nur als Grundlage der Fischerei, sondern schützen auch die Küsten und sind nicht zuletzt die Haupteinnahmequelle des Tauchtourismus. Trotz ihres unschätzbaren Wertes sind die Riffe bedroht. So führen zum Beispiel die Versuche der Landgewinnung und Aufschüttung künstlicher Inseln zur Eutrophierung und Vernichtung großer Riffteile (Jennings et al., 2000).

Zum Schutz und Erhalt der Riffe sind wiederholte Beobachtungen ihres aktuellen Zustandes und deren Aufzeichnungen sowie die konsequente Umsetzung von Schutzmaßnahmen notwendig. Langzeitstudien sind unentbehrlich, um zu zeigen wie wirksam sich mariner Naturschutz auf die Korallenriffe auswirkt (Jennings et al., 2000; Schuhmacher, 2005). Die vorliegende Arbeit befasst sich mit der lückenlosen Aufnahme eines Riffabschnitts und macht einen Vergleich von Veränderungen in diesem Bereich zu jeder Zeit möglich. Jedoch müssten noch viele Untersuchungen, auch an anderen Riffbereichen der Seychellen durchgeführt werden, wenn man die Riffe hier so gut beschreiben will, wie es ihr Umfang und ihre Relevanz verdienen. Dies nützt vor allem, wenn die Schutzmaßnahmen in den marinen Nationalparks konsequent durchgesetzt werden und nicht illegal gefischt und gewildert wird. Es muss dafür gesorgt werden, dass die Einnahmen aus den Nationalparks in die Schulung von Personal fließt, das Einwohner und Touristen zu einem verantwortungsbewussten nachhaltigen Umgang mit diesen wertvollen Ökosystemen anhält.

8. Zusammenfassung

Obwohl die Korallenriffe der Seychellen zu den ausgedehntesten im westlichen Indischen Ozean gehören, sind sie dennoch sehr unzureichend erforscht. Um die Auswirkungen der verschiedenen Einflüsse sowohl anthropogener als auch natürlicher Art zu beurteilen, ist es nötig, eine Übersicht der dort vorkommenden Organismen zu erstellen. Die Untersuchung des momentanen Zustandes der Riffe (Monitoring), ermöglicht einen Vergleich mit der Situation in späteren Jahren, um die Veränderungen in diesen hoch diversen und empfindlichen Ökosystemen aufzuzeigen und zu ergründen. In diesem Zusammenhang wurde in der Zeit vom 7. April bis zum 18. Mai 2012 in der Bucht von Beau Vallon auf Mahé, Seychellen eine Riffkartierung durchgeführt.

Das Transekt wurde mithilfe einer Leine an der Riffkante von Süden nach Norden ausgelegt, so dass in Kooperation mit Christiane Bock sowohl der westlich als auch der östlich von der Markierung liegende Teil quadratmeterweise kartiert werden konnten. Der zu untersuchende und in dieser Arbeit behandelte Abschnitt erstreckt sich auf $80m^2$ entlang der östlichen Seite. Die Kombination der PHOTS- und PLIT–Methode erwies sich als geeignet, um die Untersuchungen hier adäquat durchzuführen. Mithilfe von Metallrahmen wurden die Korallen fotografisch erfasst, um dann – soweit möglich – die Art zu bestimmen. Es wurden 32 Korallenarten aus 22 Gattungen identifiziert. Anschließend wurden mithilfe von Adobe Illustrator, Gimp und Excel Grafiken erstellt, um Position und Größe der einzelnen Kolonien zu verdeutlichen. Diese Grafiken lassen erkennen, dass in T6xr eine Dominanz der Gattungen *Porites, Acropora* und der Arten *Goniastrea edwardsi* bzw. *retiformis* und *Palythoa tuberculosa* vorhanden ist. Die Verteilung der einzelnen Arten ist ungleichmäßig und der auf der westlichen Seite des Transektes sehr ähnlich. Allerdings ist die Korallendiversität auf der östlichen Seite geringer, als im westlichen Teil, was evtl. auf die größere Entfernung zur äußersten Riffkante zurückzuführen ist.

Vorangegangene Untersuchungen in diesem Gebiet ergaben teils eine Dominanz anderer Gattungen, was vermutlich daran liegt, dass sich die betreffenden Transekten weiter nördlich im Riff befinden als T6. Des Weiteren liegen die anderen Transekte in einer weniger geschützten Lage und sind vom Riffdach zu Riffkante (Ost-West-Richtung) ausgelegt worden, nicht entlang der Riffkante (Nord-Süd-Richtung) im Gegensatz zu T6. Hinzu kommt, dass Unterschiede in der Riffmorphologie, in der Stärke der Wasserbewegung und dem Grad der Trübung zwischen T6 und den anderen Transekten zu verzeichnen sind.

9. Literaturverzeichnis

Baker, A., Starger, C. J., McClanahan, T. R. & Glynn, P. W. (2004): Corals' adaptive response to climate change. Nature 430, 741.

Belwood, D. R., Hughes, T. P. Folke, C. & Nyström, M. (2004): Confronting the coral reef crisis. Nature 429, 827-833.

Bock, Christiane (2012): Riffkartierung entlang der Westseite eines Transekts in der Buch von Beau Vallon, Mahé, Seychellen. Unveröffentlichte Bachelorarbeit, Georg-August-Universität Göttingen.

Brown, B. E. (1997): Disturbances to reefs in recent times. In Life and Death of Coral Reefs. Ed. Birkeland. C. pp. 354-377. New York: Chapmann and Hall.

Butzelar, Kai (2011): Reef Monitoring entlang der Südseite eines Transekts in der Beau Vallon-Bucht, Mahé, Seychellen. Unveröffentlichte Bachelorarbeit, Georg-August-Universität Göttingen.

Erhardt, H., Knop, D. (2005): Corals Indo-pacific field guide. IKAN-Unterwasserarchiv Frankfurt.

Friedrich, Hermann (1965): Meeresbiologie. Berlin-Nikolassee (Borntraeger), 87- 99.

Graham, N. A. J., Wilson, S. K., Jennings, S., Polunin, N. V. C., Bijoux, J. P., Robinson, J. (2006): Dynamic fragility of oceanic coral reef ecosystems.

Goreau, T., Mc Clanahan, T., Hayes, R., Strong, A. (2000): Conservation of coral reefs after 1998 global bleeching event. Conservation Biology 14, No. 1, pp. 5-15.

Hill, J., Wilkinson, C. (2004): Methods for ecolocical monitoring of coral reefs. Australian Institue of Marine Science, Townsville.

Jennings, S., Marshall, S. S., Cuet, P., Naim, O. (2000): The Seychelles. In coral reefs of the Indian Ocean: Their ecology and conservation. Ed. McClanhan, T. R., Sheppard, C. R. C., Obura, D. O., Chapter 13: 383-410. Oxford University Press.

Latypov, Yu. Ya. (2009): Species composition and distribution of scleractinians on the reefs of Seychelles Islands. Biol. Morya 35, 6: 454-462.

Leinfelder, R. R. (2003): Jurassic Reef Ecosystems. In: G. D. Jr. Stanley (Hrsg.): The History and Sedimentology of Ancient Reef Systems. 251-309, New York etc. (Kluwer/Plenum).

Litter, M. M., Litter, D. Ds, Tilyanov, E. A. (1991): Comparisons of N- and P-limited productivity between high and granitic Island versus low carbonate atolls in the Seychelles Archipelago: a test of the relative-dominance paradigm. Coral Reefs 10: 199-209.

Macken, Jessica (2010):

Marshall, S. S. (1994): Proposed management strategy for Seychelles Marine National Parks. Mahé: Division of Environment, Government of Seychelles.

Nakajima, R., Nakajama, A. Yoshida, T. Kushairi, M. R. M., Othman, B. H. R. & Toda, T. (2010): An evaluation of photo line-intercept transect (PLIT) method for coral reef monitoring. Journal of Coral Reef studies 12: 37-44.

Pillai, C. S. G., Vien, P. J., Scheer, G. (1973): Bericht über eine Korallensammlung von den Seychellen. Zool. Jb. Syst. 100: 451-465.

Rosen, B. R. (1971): Principal features of reef coral ecology in shallow water environments of Mahé, Seychelles.Symp. zool. Soc. Lond. 28: 263-299.

Schuhmacher, H. (1991): Korallenriffe: Verbreitung, Tierwelt Ökologie. BLV Verlagsgesellschaft mbH München.

Schuhmacher, H., Loch, K., Loch, W., Wolf, R. (2005): Das Erbleichen der Korallen: Coral bleaching – ein Menetekel für die Zukunft der Riffe? Biologie in unserer Zeit. 35, no. 3 pp. 186-191.

Selin, N. I., Latypov, Y. Y., Malyutin, A. N., Bolshakova, L.N. (1992): Species composition and abundance of corals and other invertebrates on the reefs of the Seychelles Islands. Atoll researchBulletin 368.

Sheppard, C. R. C. (2000): Coral reefs of the western Indian Ocean: An overview. In coral reefs of the Indian Ocean: Their ecology and conservation. Ed. McClanhan, T. R., Sheppard, C. R. C., Obura, D. O., pp. 3-36. Oxford University Press.

Stoddart, D. R. (1973): Biology and geology of coral reefs. Vol.1: Geology, Chapter 2; Coral reefs of the indian ocean: 63-83.

Stoddart, D. R. (1984): Coral reefs of Seychelles and adjacent regions. In Biogeography and Ecology of the Seychelles Islands. Ed. Stoddart, D. R. pp. 63-81, 643- 654. The Hague: Dr. W. Junk.

Taylor, J. D. (1968): Coral reefs and associated invertebrate communities (mainly molluscan) around Mahé, Seychelles. Philosophical Transaction of the Royal Society B254: 129-206.

Turner, J., Klaus, R., Engelhardt, U. 2000. The reefs of the granitic islands of the Seychelles. In Coral Reef Degradation in the Indian Ocean. Status Report 2000, Draft.

Urbanke, Hendrik (2011): Reef Monitoring entlang der Nordseite eines Transekts in der Beau Vallon-Bucht, Mahé, Seychellen. Unveröffentlichte Bachelorarbeit, Georg-August-Universität Göttingen.

Veron, J. (2000): Corals of the World, Vol. 1. Melbourne (Australian Institute of Marine Science).

Westheide, W. Rieger, R. (2006): Spezielle Zoologie 1. Einzeller und Wirbellose Tiere Teil 1. Spektrum Akademischer Verlag, Gustav Fischer

10. Abbildungsnachweis der Internetbilder

Internetquelle 1: http://www.lib.utexas.edu/maps/cia11/seychelles_sm_2011.gif 4.9.2011
produced by the U.S. Central Intelligence Agency

Internetquelle 2: http://www.iten-online.ch/klima/afrika/seychellen/mahe.htm

Internetquelle 3: Google earth, Stand: 22.08.2012